Biljana Balabanova

Química do solo: Uma evidência de riscos agroecológicos

Biljana Balabanova

Química do solo: Uma evidência de riscos agroecológicos

ScienciaScripts

Imprint

Cover image: www.ingimage.com

This book is a translation from the original published under ISBN 978-620-7-48306-8.

Publisher:
Sciencia Scripts
is a trademark of
Dodo Books Indian Ocean Ltd. and OmniScriptum S.R.L publishing group

120 High Road, East Finchley, London, N2 9ED, United Kingdom
Str. Armeneasca 28/1, office 1, Chisinau MD-2012, Republic of Moldova, Europe
Printed at: see last page
ISBN: 978-620-8-21756-3

Índice

Química dos solos: uma evidência dos riscos agro-ecológicos

Biljana Balabanova

Faculdade de Agricultura, Universidade Goce Delcev, Krste Misirkov No. 10-A, 2000 Stip, República da Macedónia do Norte.

*Autor correspondente

Dra. Biljana Balabanova

Faculdade de Agricultura, Universidade Goce Delcev, Krste Misirkov No. 10-A, 2000 Stip, República da Macedónia do Norte.

Correio eletrónico: biljana.balabanova@ugd.edu.mk

Resumo

Os impactos ambientais são considerados ao longo do ciclo de vida dos produtos e serviços para evitar ou minimizar a transferência do stress ambiental entre as diferentes fases do ciclo de vida. Com o passar do tempo e as actividades a longo prazo do fator humano, os efeitos da degradação ambiental em qualquer segmento foram completa e permanentemente alterados em relação à sua existência natural no ambiente. A degradação do solo consiste na degradação biológica, química e física. O solo é um componente essencial da "terra" e dos "ecossistemas", que são conceitos mais amplos que englobam a vegetação, a água e o clima, no caso da terra, e, para além destes três aspectos, também considerações sociais e económicas, no caso dos ecossistemas. Estas alterações podem ter uma influência significativa na fisiologia e ecologia dos organismos adaptados para sobreviver em condições assim criadas de teores mais elevados de metais. As actividades antropogénicas de exploração dos recursos naturais e o seu processamento através de processos tecnológicos adequados e a gestão dos resíduos produzidos pelos mesmos representam um problema global de poluição do ambiente. A distribuição dos diferentes produtos químicos no ambiente do solo pode causar numerosos processos irreversíveis que conduzem a uma grave degradação do solo agronómico. A química do solo engloba uma série de processos complexos que garantem a amortização das condições óptimas do solo. No entanto, os factores antropogénicos e as alterações climáticas das últimas décadas conduziram a uma grave perturbação dos equilíbrios geoquímicos e biológicos naturais dos sistemas do solo.

Palavras-chave: Química do solo, poluição ambiental, processo de degradação, agroecologia.

1. ASPECTOS GERAIS DO AMBIENTE DO SOLO

Os solos são a base da nossa saúde e riqueza. Apoiando o nosso património cultural e paisagístico, são a base da nossa economia e prosperidade. A vida na Terra depende de solos saudáveis. No entanto, a terra e os solos estão a degradar-se dramaticamente na Europa e no mundo. A biosfera representa o mundo vivo do ambiente. A biosfera é o fator que desenvolve o ambiente natural e inclui as partes superficiais da litosfera, a parte inferior da atmosfera e a hidrosfera. Representa um sistema complexo de processos e reacções biológicas e físico-químicas.

Na biosfera, em geral, os seres vivos não vivem isolados, mas têm de interagir com outros seres vivos e com factores abióticos. Por isso, existem diferentes níveis de organização na natureza. Dependendo da forma como os seres vivos interagem e da dimensão dos grupos, existem populações, comunidades e ecossistemas.

Este nível de organização ocorre na natureza quando os organismos de um determinado tipo de planta, animal ou microrganismo se juntam num tempo e espaço comuns. Ou seja, diferentes tipos de plantas e animais coabitam no mesmo espaço e utilizam os mesmos recursos para sobreviver e reproduzir-se.

Quando se refere a uma população, é necessário determinar a localização da espécie e o tempo dessa população, porque não é sustentável no tempo devido a factores como a falta de alimento, a concorrência ou as alterações ambientais. Hoje em dia, devido às acções dos seres humanos, muitas populações não sobrevivem porque os nutrientes do ambiente em que vivem estão contaminados ou degradados.

Uma comunidade biológica é uma comunidade na qual coexistem duas ou mais populações de seres vivos. Ou seja, cada população interage com outras populações e com o ambiente que as rodeia. Estas comunidades biológicas incluem todas as populações de organismos de diferentes espécies que interagem entre si. Por exemplo, uma floresta, uma lagoa, etc. São exemplos de comunidades biológicas porque existe um conjunto de populações de peixes, anfíbios, répteis, algas e microrganismos sedimentares que interagem entre si e, por sua vez, interagem com factores abióticos como a água (durante a respiração), a quantidade de luz que incide sobre a lagoa e o sedimento.

Um ecossistema é o maior e mais complexo nível de organização. Nele, a comunidade biológica interage com o meio abiótico de modo a formar um sistema equilibrado. Definimos um ecossistema como o conjunto de factores bióticos e abióticos de uma determinada área que interagem entre si. As diferentes populações e comunidades que vivem nos ecossistemas dependem umas das outras e dos factores abióticos. Por exemplo, os anfíbios precisam de insectos para se alimentarem, mas também precisam de água e luz para sobreviverem. A interação entre os meios biótico e abiótico ocorre em muitas ocasiões na natureza. Quando as plantas fazem fotossíntese, trocam gases com a atmosfera. Quando um animal respira, quando se alimenta e depois elimina os seus resíduos, etc. Estas interações do meio biótico e abiótico traduzem-se numa troca constante de energia entre os seres vivos e o seu ambiente. Devido à complexidade das interações, à dependência das espécies e à funcionalidade que cumprem, a expansão dos ecossistemas é muito difícil de estabelecer. Um ecossistema não é uma unidade funcional única e indivisível, mas é composto por muitas unidades mais pequenas que têm as suas próprias interações e a sua própria funcionalidade.

O equilíbrio natural destes processos/estados/comunidades é frequentemente perturbado pela ação do fator antropogénico. O equilíbrio homeostático relativo do ambiente é necessário para a sobrevivência e a sobrevivência do mundo vivo. Este facto leva à investigação da composição química do ar, da água e do solo, com o objetivo de controlar as alterações não naturais resultantes do desenvolvimento industrial e tecnológico da sociedade.

Um ecossistema é uma área geográfica onde plantas, animais e outros organismos, bem como o clima e a paisagem, trabalham em conjunto para formar uma bolha de vida. Os ecossistemas contêm partes bióticas, ou vivas, bem como factores abióticos, ou partes não vivas. Os factores bióticos incluem plantas, animais e outros organismos. Os factores abióticos incluem as rochas, a temperatura e a humidade.

Todos os factores de um ecossistema dependem de todos os outros factores, direta ou indiretamente. Uma mudança na temperatura de um ecossistema afectará frequentemente as plantas que aí crescem, por exemplo. Os animais que dependem das plantas para se alimentarem e se abrigarem terão de se adaptar às mudanças, mudar-se para outro ecossistema ou morrer.

Os ecossistemas podem ser muito grandes ou muito pequenos. As poças de maré, as poças deixadas pelo oceano quando a maré baixa, são pequenos ecossistemas completos. As poças de maré contêm algas, um tipo de algas, que utilizam a fotossíntese para produzir alimentos. Os herbívoros, como o abalone, comem as algas. Os carnívoros, como as estrelas-do-mar, comem outros animais da poça de maré, como mexilhões ou amêijoas. As poças de maré dependem da alteração do nível da água do oceano. Alguns organismos, como as algas marinhas, prosperam num ambiente aquático quando a maré sobe e quando a piscina está cheia. Outros organismos, como os caranguejos eremitas, não podem viver debaixo de água e dependem das poças pouco profundas deixadas pelas marés. Desta forma, as partes bióticas do ecossistema dependem de factores abióticos.

Toda a superfície da Terra é uma série de ecossistemas interligados. Os ecossistemas estão frequentemente ligados dentro de um bioma maior. Os biomas são grandes áreas de terra, mar ou atmosfera. Florestas, lagos, cumes e tundra são todos tipos de biomas, por exemplo. Os biomas são organizados de forma muito geral, com base nos tipos de plantas e animais que neles vivem. Em cada floresta, em cada lagoa, em cada cumeada ou em cada pedaço de tundra, encontrarás muitos ecossistemas diferentes.

O bioma do deserto do Sara, por exemplo, inclui uma grande variedade de ecossistemas. O bioma é caracterizado por um clima seco e quente. No interior do Saara existem ecossistemas de oásis, que têm palmeiras, água doce e animais como os crocodilos. O Saara também tem ecossistemas de dunas, com a mudança de paisagem determinada pelo vento. Os organismos destes ecossistemas, como as cobras ou os escorpiões, têm de ser capazes de sobreviver nas dunas de areia durante longos períodos de tempo. O Sara inclui mesmo um ambiente marinho, onde o Oceano Atlântico cria nevoeiros frios na costa noroeste de África. Os arbustos e os animais que se alimentam de pequenas árvores, como as cabras, persistem neste ecossistema do Sara.

Mesmo biomas que parecem semelhantes podem ter ecossistemas completamente diferentes. O bioma do deserto do Sara, por exemplo, é muito diferente do bioma do deserto de Gobi, na Mongólia e na China. O Gobi é um deserto frio, com nevões frequentes e temperaturas baixas. Ao contrário do Saara, o Gobi tem ecossistemas baseados não na areia, mas em quilómetros de rocha nua.

Algumas gramíneas são capazes de crescer em climas frios e secos. Por conseguinte, estes ecossistemas de Gobi têm animais de pasto, como as gazelas e até o tahi, uma espécie de cavalo selvagem em vias de extinção.

Mesmo os ecossistemas do deserto frio de Gobi são diferentes dos ecossistemas do deserto gelado da Antárctida. A espessa calota de gelo da Antárctida cobre um continente constituído quase exclusivamente por rocha seca e nua. Apenas alguns musgos crescem neste ecossistema desértico, suportando apenas algumas aves, como as skuas.

Durante milhares de anos, os seres humanos interagiram com os ecossistemas. Muitas culturas desenvolveram-se em torno de ecossistemas próximos. Muitas tribos nativas americanas das Grandes Planícies da América do Norte desenvolveram estilos de vida complexos baseados nas plantas e animais nativos dos ecossistemas das planícies, por exemplo. O bisonte, um grande animal de pasto nativo das Grandes Planícies, tornou-se o fator biótico mais importante em muitas culturas dos índios das planícies, como os Lakota ou os Kiowa. Os bisontes são por vezes erradamente designados por búfalos. Estas tribos utilizavam as peles de búfalo como abrigo e vestuário, a carne de búfalo como alimento e os cornos de búfalo como ferramentas. A pradaria de erva alta das Grandes Planícies suportava manadas de bisontes, que as tribos seguiam durante todo o ano.

No entanto, à medida que a população humana crescia, os seres humanos ultrapassaram muitos ecossistemas. Por exemplo, a pradaria de erva alta das Grandes Planícies transformou-se em terras agrícolas. À medida que o ecossistema diminuía, menos bisontes conseguiam sobreviver. Atualmente, algumas manadas sobrevivem em ecossistemas protegidos, como o Parque Nacional de Yellowstone.

Nos ecossistemas das florestas tropicais que rodeiam o rio Amazonas, na América do Sul, ocorre uma situação semelhante. A floresta tropical amazónica inclui centenas de ecossistemas, incluindo copas, andares e solos florestais. Estes ecossistemas suportam vastas redes alimentares.

As copas são ecossistemas no topo da floresta tropical, onde árvores altas e finas como as figueiras crescem em busca de luz solar. Os ecossistemas de copa também incluem outras plantas, chamadas epífitas, que crescem diretamente nos ramos. Abaixo do dossel existem ecossistemas de sub-bosque. Estes são mais escuros e húmidos do que as copas das árvores. Animais como os macacos vivem nos ecossistemas de sub-bosque, comendo frutos das árvores e animais mais pequenos como os insectos. Os ecossistemas de solo florestal suportam uma grande variedade de flores, que se alimentam de insectos como as borboletas. As borboletas, por sua vez, fornecem alimento a animais como as aranhas nos ecossistemas de solo florestal.

A atividade humana ameaça todos estes ecossistemas da floresta amazónica. Milhares de hectares de terra foram desmatados para a construção de terrenos agrícolas, habitações e indústrias. Países da floresta amazónica como o Brasil, a Venezuela e o Equador são subdesenvolvidos. O abate de árvores para dar lugar a culturas como a soja e o milho beneficia muitos agricultores pobres. Estes recursos dão-lhes uma fonte fiável de rendimento e de alimentos. As crianças podem ir à escola e as famílias podem ter acesso a melhores cuidados de saúde.

No entanto, a destruição dos ecossistemas das florestas tropicais tem os seus custos. Muitos medicamentos modernos foram desenvolvidos a partir de plantas da floresta tropical. O curare, um relaxante muscular, e o quinino, utilizado para tratar a malária, são apenas dois desses medicamentos. Muitos cientistas estão preocupados com o facto de a destruição do ecossistema da floresta tropical poder impedir o desenvolvimento de mais medicamentos.

Os ecossistemas das florestas tropicais também são péssimas terras agrícolas. Ao contrário dos solos ricos das Grandes Planícies, onde os seres humanos destruíram o ecossistema das pradarias de erva alta, o solo da floresta tropical amazónica é fino e pobre em nutrientes. Apenas algumas estações de cultivo podem crescer antes que todos os nutrientes sejam absorvidos. O agricultor ou a agroindústria têm de avançar para o próximo pedaço de terra, deixando para trás um ecossistema vazio.

Um ecossistema é um ambiente natural integrado que faz parte do meio ambiente e é composto por seres vivos e inertes. Cada tipo de ecossistema tem caraterísticas únicas e diferentes que lhe conferem uma integridade especial. Todos os ecossistemas permanecem activos e "saudáveis" desde que se mantenha o equilíbrio ecológico. No entanto, os ecossistemas podem recuperar da destruição. Todos os componentes que fazem parte de um ecossistema têm um equilíbrio perfeito que resulta em harmonia. Tanto os seres vivos como os inertes têm funcionalidade e não há nada que não "sirva" num ambiente natural. Cada espécie existente favorece a vitalidade e a função do ambiente.

O ambiente é o espaço com todos os organismos vivos e recursos naturais, dos valores naturais e criados, das suas relações mútuas e do espaço total em que o homem vive e em que se situam as povoações, os bens de uso geral, os objectos industriais e outros. A poluição do solo pode ser prejudicial para a qualidade do ambiente de vida, para a vida e a saúde humanas ou uma manifestação de que pode causar danos à propriedade ou que perturba ou afecta a diversidade biológica e paisagística e de outras formas prescritas para a utilização do ambiente. Processos e alterações negativos provocados pelo homem que destroem o solo ou reduzem o seu volume ou fertilidade. Em todo o mundo, isso é feito de muitas maneiras: por destruição (destruição), que reduz o fundo da terra (erosão, mineração a céu aberto e escavação de vários materiais, cobrindo com vários resíduos, conversão em uso para construir várias instalações), então por contaminação de outros componentes do meio ambiente (ar e água) e, eventualmente, por degradação de muitas maneiras na agricultura e silvicultura (Daughton 2005; Brack e Stevens 2001; Blais et al. 2015). O fundo terrestre é reduzido por vários tipos de destruição, como a erosão, a mineração a céu aberto, a escavação de vários materiais, depois pela cobertura com resíduos urbanos e vários resíduos de minas, centrais térmicas, metalúrgicas e outras instalações industriais e, finalmente, pela conversão no uso da terra (conversão) com a construção de reservatórios de água, na construção de assentamentos e instalações industriais e de infraestrutura (Uth 1999; Hou e Zhang 2009; Xue e Zeng 2011). Basicamente, três segmentos são geralmente afectados na biosfera: os ecossistemas do ar, do solo e da água.

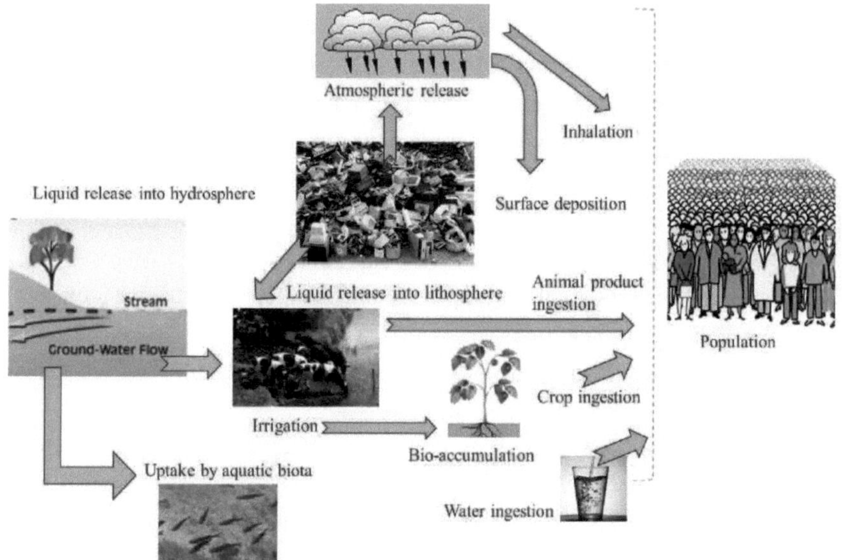

Figura 1. Vias de exposição das substâncias tóxicas contidas nos resíduos

1.1. Pontos quentes de poluição no ambiente do solo

Os poluentes emitidos para o ambiente podem ter origem em fontes naturais, como erupções vulcânicas, incêndios florestais, reacções químicas, fontes biológicas ou fontes antropogénicas decorrentes de actividades humanas, como o tráfego, a combustão de combustíveis fósseis, a descarga de substâncias poluentes, os gases com efeito de estufa e outras substâncias que afectam direta ou indiretamente a qualidade do ar. O ar poluído causa efeitos nocivos na saúde dos seres humanos e de outros organismos vivos, bem como no seu ambiente. É por isso que é de particular interesse dispor de dados sobre a origem, a presença e o impacto dos poluentes presentes no ar, a fim de tomar medidas para os reduzir. Para melhorar a qualidade do ar, é necessário preparar planos e programas para tomar medidas de proteção e de gestão da qualidade do ar e das emissões.

A recolha e o tratamento dos dados relativos às emissões atmosféricas devem ser efectuados de forma contínua ao longo do ano. Através dos dados obtidos a partir das medições das emissões das maiores empresas que emitem poluentes para a atmosfera, as quantidades de poluentes para cada país são monitorizadas numa base anual. Os dados fornecem uma base para a preparação de relatórios e estratégias para a redução das emissões atmosféricas, bem como para a proteção e melhoria da qualidade do ar ambiente.

Este processo é especialmente importante para os países em transição, onde os processos na indústria e na urbanização têm um impacto crescente na degradação ambiental. A monitorização das emissões de poluentes para a atmosfera tem de estar em conformidade com os actos jurídicos do país, bem como com os acordos e convenções internacionais.

Os sectores que mais contribuem para a emissão de poluentes básicos (SO2, NOx, CO e TSP) são os seguintes:

- Instalações de combustão para a transformação de combustíveis para a produção de eletricidade;
- Combustão de combustíveis para fins não industriais - produção de calor - centrais térmicas;
- Processos de combustão na indústria com o objetivo de produzir calor para o funcionamento do processo;
- Processos de produção, este sector inclui as emissões resultantes de vários processos de produção, tais como a indústria petrolífera, a produção de aço, ferro, metais não ferrosos, cimento, etc;
- Produção e distribuição de combustíveis fósseis e energia geotérmica;
- Utilização de solventes e outros produtos.
- Tráfego de passageiros em que são indicadas as emissões durante a combustão de combustíveis no meio de transporte.
- Outras fontes móveis, onde se incluem as emissões provenientes da combustão de combustíveis nos caminhos-de-ferro, tráfego aéreo, maquinaria agrícola, etc.
- Emissões de resíduos e eliminação de resíduos, incineração de resíduos em aterros a céu aberto e aceleração ou outro processamento de resíduos.
- Agricultura, emissões provenientes da aplicação de fertilizantes, fermentação, utilização de pesticidas.
- Emissões de outras fontes, que podem incluir emissões que não são uma consequência da vida humana, emissões de CO2, etc.

Para monitorizar o estado do ar, é necessário efetuar a monitorização dos poluentes e identificar os mesmos qualitativa e quantitativamente. A monitorização tem uma tarefa essencial no âmbito da gestão ambiental.

Nomeadamente, é uma base para a tomada de medidas de proteção contra a poluição e um meio utilizado para melhorar a qualidade do ar no ambiente. O dióxido de enxofre (SO2) forma-se durante a combustão de combustíveis que contêm enxofre, como o carvão ou o petróleo. Alguns minérios também contêm enxofre, e o dióxido de enxofre é libertado durante o seu processamento. Fontes significativas de SO2 são as centrais eléctricas, as refinarias de petróleo e a indústria metalúrgica. O teor de enxofre dos combustíveis utilizados é elevado e provoca, por vezes, concentrações elevadas de SO2 no ar ambiente das cidades e zonas industriais. Os combustíveis para o tráfego também têm um elevado teor de enxofre e degradam a qualidade do ar.

Estudos de investigação revelaram a presença de mais óxidos de azoto no ar, mas os mais importantes são o dióxido de azoto e o monóxido de azoto. Estes poluentes são normalmente o resultado de fontes naturais. No entanto, nas zonas urbanas, provêm maioritariamente do tráfego e da indústria. O dióxido de azoto (NO2) é um gás que se forma no processo de combustão a altas temperaturas. Os automóveis antigos e com manutenção irregular produzem as concentrações mais elevadas deste poluente (Andreae e Merlet 2001).

As partículas com dimensões até 10 micrómetros (PM10) ficam retidas no ar durante muito tempo e são formadas em resultado de fontes naturais e antropogénicas. As fontes naturais incluem erupções vulcânicas, chuvas amarelas, incêndios florestais e reacções químicas. As fontes antropogénicas mais importantes são a combustão do carvão, da madeira e do petróleo, os processos industriais, os transportes e a incineração de resíduos. Os produtos químicos particularmente tóxicos são libertados através da incineração descontrolada de resíduos domésticos (ou seja, incineração de resíduos em quintais), que é comum nas cidades, especialmente nas zonas rurais (Sarti et al. 2017; Longoria-Rodriguez et al. 2020).

O monóxido de carbono (CO) é um gás tóxico que ocorre como resultado da combustão de combustíveis de veículos de transporte, da combustão incompleta de combustíveis em centrais eléctricas, da combustão incompleta de resíduos sólidos e de processos industriais (Vallero 2008).

O ozono troposférico (O3) é formado pela reação de poluentes (óxidos de azoto e compostos orgânicos voláteis) sob a ação da luz solar. As fontes de poluição incluem as emissões dos veículos e dos processos industriais, os vapores da gasolina e os solventes químicos. Mesmo as zonas rurais são propensas ao aumento dos níveis de ozono, uma vez que o vento transporta o ozono e os poluentes a centenas de quilómetros da fonte. Além disso, os compostos orgânicos libertados das zonas florestais afectam a formação de ozono. No entanto, o seu teor é influenciado pelo período do dia (intensidade da radiação solar) e pelas estações do ano. As concentrações mais elevadas deste poluente são observadas na primavera e no verão, enquanto as concentrações mais baixas são observadas durante o inverno (Gerasimov 2004).

O solo. O solo tem uma série de funções ecológicas, que são de importância essencial para a proteção do ambiente, mas também para a economia e o progresso da sociedade no seu conjunto. Os impactos no solo causados pelas actividades humanas estão em constante aumento e conduzem à degradação e desertificação das terras, o que provoca graves consequências socioeconómicas. As principais ameaças ao estado saudável dos solos são a erosão, a contaminação local e difusa, a salinização, o afrouxamento do solo, etc. (Siegel 2002; Jarup 2003; Kabata-Pendias e Mukherjee 2007). Atualmente, existe uma necessidade crescente de adotar regulamentos adequados, especialmente para os países em desenvolvimento, que tratem o solo, em muitos aspectos, como um meio ambiental. É necessário definir as concentrações máximas permitidas nos solos de metais pesados e, em seguida, de certas substâncias, como pesticidas, hidrocarbonetos aromáticos policíclicos, hidrocarbonetos halogenados e outros (Laden-Berger, 2012).

A água. A poluição da água envolve a introdução de vários poluentes nos rios, lagos e águas subterrâneas, mas também nos mares e oceanos. Isto ocorre durante a introdução direta ou indireta de poluentes na água, na ausência de medidas de purificação adequadas e de eliminação de substâncias nocivas (Fitzpatrick et al. 2007).

Na maioria dos casos, a poluição da água doce é invisível porque os poluentes estão dissolvidos na água. Mas há excepções: as espumas de detergentes, mas também os produtos petrolíferos que flutuam à superfície e os cursos de água não limpos (leitos de rios, canais). Existem vários poluentes naturais. Os compostos de alumínio que se encontram no solo atingem o sistema de água doce em resultado de reacções químicas. As inundações absorvem compostos de magnésio dos solos dos prados, que causam grandes danos às populações de peixes. Mas a quantidade de poluentes naturais é insignificante quando comparada com as substâncias produzidas pelo homem. Todos os anos são introduzidos milhares de produtos químicos imprevisíveis nas bacias hidrográficas, a maioria dos quais são novos compostos químicos (xenobióticos). Podem ser detectadas na água concentrações crescentes de metais pesados tóxicos (como o cádmio, o mercúrio, o chumbo e o crómio), pesticidas, nitratos e fosfatos, produtos petrolíferos e tensioactivos.

Como é sabido, todos os anos são importadas para os mares e oceanos cerca de 12 milhões de toneladas de petróleo. As chuvas ácidas também desempenham um papel no aumento das concentrações de metais pesados na água. São capazes de dissolver os minerais do solo, o que leva a um aumento do teor de iões de metais pesados na água. As centrais nucleares também interferem com os resíduos radioactivos no ciclo da água. A descarga de águas residuais não tratadas dos agregados familiares conduz à poluição microbiológica da água (Wania e Mackay 1996).

Os poluentes específicos que poluem a água são vários produtos químicos, agentes patogénicos, bem como alterações físicas ou sensoriais, como a febre e a descoloração. Embora muitos dos produtos químicos e substâncias regulamentados possam ser encontrados em condições naturais (cálcio, sódio, ferro, cobre, manganês, etc.), a concentração é geralmente a chave para determinar o que é um constituinte natural da água e o que é um poluente. Concentrações elevadas de substâncias que ocorrem naturalmente podem ter efeitos adversos na flora e fauna aquáticas (Wania e Mackay 1996; Rodriguez-Proteau e Grant 2005).

As substâncias que consomem oxigénio podem ser substâncias naturais, como a matéria vegetal (folhas ou ervas), mas também substâncias químicas produzidas pelo homem. Outras substâncias naturais e antropogénicas podem causar turvação, que bloqueia a luz e impede o crescimento das plantas e obstrui as guelras de algumas espécies de peixes. Muitos produtos químicos são tóxicos. Os agentes patogénicos podem causar doenças transmitidas pela água, tanto em seres humanos como em animais. As alterações na química física da água incluem a acidez (alteração do pH), a condutividade eléctrica, a temperatura e a eutrofização. A eutrofização é o aumento da concentração de nutrientes químicos num determinado ecossistema ao ponto de aumentar a produção primária do ecossistema (Rodriguez-Proteau e Grant 2005). Dependendo do grau de eutrofização, pode haver efeitos ambientais adversos subsequentes, como a anoxia (depleção grave de oxigénio) e reduções graves na qualidade da água, afectando as populações de peixes e outros animais. As substâncias orgânicas e inorgânicas podem atuar como poluentes nos ecossistemas aquáticos. Os poluentes orgânicos da água são:

- Detergentes;
- Subprodutos de desinfectantes encontrados na água potável desinfectada quimicamente, como o clorofórmio;
- Resíduos dos processos de produção alimentar, que podem ser representados por substâncias que necessitam de oxigénio, óleos e gorduras;
- Insecticidas e herbicidas, diversos organohaletos e outros compostos químicos;
- Hidrocarbonetos de petróleo, incluindo combustíveis (gasolina, gasóleo, propulsores e fuelóleo) e lubrificantes (óleos para motores), bem como subprodutos da combustão de combustíveis;
- Resíduos de árvores e arbustos;
- Compostos orgânicos voláteis (COV) como solventes industriais;
- Bifenilos policlorados (PCB);
- Tricloroetileno;
- Perclorato;

Vários compostos químicos encontrados em produtos de higiene pessoal e cosméticos. Os poluentes inorgânicos da água mais comuns e as suas ocorrências são:

- Acidez causada por descargas industriais (especialmente dióxido de enxofre de centrais eléctricas);
- Amoníaco proveniente de resíduos do processamento de alimentos;
- Resíduos químicos como subproduto industrial;
- Adubos artificiais que contêm nutrientes (nitratos e fosfatos) presentes nas águas pluviais que passam pelas zonas agrícolas, bem como para uso comercial e doméstico;
- Metais pesados provenientes de veículos a motor (que atingem as águas pluviais) e descargas de minérios ácidos.

A poluição térmica é um aumento ou uma diminuição da temperatura de uma bacia hidrográfica natural e é causada pela influência humana. Ao contrário dos produtos químicos, a poluição térmica resulta em alterações das propriedades físicas da água. Uma causa comum de poluição térmica é a utilização da água como líquido de arrefecimento em centrais eléctricas ou na produção industrial. O aumento da temperatura da água reduz os níveis de oxigénio (o que pode causar a morte dos peixes) e afecta a composição do ecossistema, por exemplo, através da invasão de espécies termofílicas (Barcelo 2007).

A indústria é uma das maiores fontes de poluição da água, considerando que mais de 50% das águas residuais provêm de indústrias industriais que frequentemente as descarregam em águas superficiais direta ou indiretamente sem tratamento prévio (Barcelo 2007; Dvorscak et al. 2019).

A quantidade de águas residuais municipais depende do número de agregados familiares da população, da organização dos serviços municipais de drenagem das águas pluviais através de sistemas de esgotos e de sistemas de tratamento, da eliminação dos resíduos municipais em aterros adequados e do seu tratamento correto, etc. (Richardson e Kimura 2016). As águas residuais municipais são completamente biodegradáveis porque estão maioritariamente carregadas de matéria orgânica, que é maioritariamente de origem vegetal e animal (Richardson e Kimura 2016). No entanto, devido às mudanças no estilo de vida dos habitantes que ocorreram nas últimas décadas, a qualidade das águas residuais municipais está a mudar, especialmente devido à presença de detergentes sintéticos para lavagem, lavandaria e outras necessidades sanitárias. A poluição das águas municipais da cidade está a aumentar a partir das estradas devido à utilização de sal, areia, etc. nos meses de inverno (Richardson e Kimura 2016). Estas substâncias chegam aos rios ou aos reservatórios de água através da lavagem direta das ruas ou através da rede de esgotos para as chuvas atmosféricas (Richardson e Kimura 2016). As águas municipais comunitárias, especialmente as fecais e as águas provenientes de aterros orgânicos, também estão poluídas biologicamente com vírus patogénicos, bactérias, parasitas e outros microrganismos (Misra et al. 1994; Brack et al. 2016).

A agricultura moderna perturba o ambiente de muitas formas. As sebes estão a ser removidas para permitir a entrada de grandes máquinas, o que torna a agricultura economicamente viável. Isto destrói habitats e perturba cadeias alimentares complexas e as suas ligações. Os agricultores utilizam pesticidas para matar as pragas. Isto aumenta a produção de alimentos, mas destrói a vida selvagem. Além disso, os pesticidas contaminam os alimentos destinados aos seres humanos. Os pesticidas podem ser arrastados para os cursos de água e contaminar a água potável. Os fertilizantes são utilizados como nutrientes adicionais para acelerar o crescimento das plantas. Podem também ser arrastados do solo para lagos e rios e contaminar as reservas de água potável (Petrie et al. 2015).

A poluição da água com fertilizantes pode levar à poluição de piscinas de água potável, as mais importantes das quais são os lagos. Os fertilizantes provocam um aumento do crescimento das plantas na água (Richardson e Kimura 2016). As plantas que competem pela luz morrem. Os microrganismos alimentam-se das plantas mortas, aumentando o seu número. Um número crescente de microrganismos consome mais oxigénio do que a água. Os peixes e outros animais aquáticos morrem por falta de oxigénio.

1.2. Riscos biotóxicos no solo

O efeito tóxico é uma soma de perturbações, fisiológicas, bioquímicas, estruturais, que ocorrem no organismo sob a ação de alguma substância tóxica (tóxica). As substâncias tóxicas podem ser definidas como o grau de toxicidade de uma determinada substância depende da intensidade dos processos que ocorrem no organismo ao mesmo tempo: reabsorção, desintoxicação, deposição e eliminação. As substâncias tóxicas entram normalmente no corpo humano através da pele, da boca e dos órgãos digestivos, ou através dos pulmões.

Após a reabsorção, chegam ao sangue e depois ao fígado e aos órgãos menos sensíveis às substâncias tóxicas. O fígado é o órgão mais importante no qual as substâncias tóxicas são decompostas através de um processo designado por desintoxicação. Através deste processo, os produtos do metabolismo, as substâncias tóxicas, tornam-se menos tóxicas e são excretadas do organismo.

Uma parte das toxinas reabsorvidas atinge os órgãos que lhes são menos sensíveis e aí permanece durante mais tempo (deposição). Assim, muitos insecticidas são retidos no tecido adiposo, e o estrôncio e o chumbo no tecido ósseo. Uma parte da toxina é excretada do organismo (eliminação) através: dos rins (a maior parte), das fezes (compostos insolúveis como os metais) e dos pulmões (toxinas gasosas).

O efeito das substâncias tóxicas no organismo pode ser:

-) local - ação das toxinas no local imediato de contacto com o organismo - pele, membranas mucosas, olhos;
-) sistémica - a ação das toxinas após a sua reabsorção no corpo, manifesta-se nos órgãos e sistemas de órgãos (órgãos digestivos, pulmões, sangue, etc.).

A exposição a curto prazo a toxinas causa envenenamento agudo e a exposição a longo prazo causa envenenamento crónico. Os sinais de envenenamento agudo aparecem muito rapidamente, enquanto o envenenamento crónico se manifesta gradualmente, quase impercetível e, muitas vezes, após vários anos. Os efeitos dos resíduos de pesticidas, metais pesados, vários aditivos químicos alimentares, etc. têm o efeito de envenenamento crónico.

As toxinas produzidas por organismos vivos (riscos biotóxicos) podem ser divididas de acordo com os organismos que as criam:

- zootoxinas - venenos de origem animal
- fitotoxinas - venenos de origem vegetal
- bacteriotoxinas - toxinas produzidas por bactérias que se dividem em:
- endotoxinas - produzidas em bactérias (por exemplo, Salmonella)
- exotoxinas - que as bactérias segregam (por exemplo, aflatoxina, toxina botulínica)
- micotoxinas - produzidas por fungos

A vida atual não pode ser imaginada sem a utilização diária de produtos químicos. São utilizados sob a forma de medicamentos para terapia, sob a forma de pesticidas são utilizados na agronomia, na indústria estão na base de todas as sínteses e produções químicas, nos lares os produtos de limpeza permitem uma vida de qualidade, e todos os dias estamos em contacto com inúmeras substâncias presentes nos produtos de cuidado, higiene, cosmética médica e decorativa. Para além disso, estamos rodeados de inúmeros venenos de origem natural, como os vegetais (plantas e cogumelos venenosos), os animais (cobras, aranhas e outros animais venenosos) e os marinhos (peixes venenosos).

Como consequência da exposição diária, ocorre todos os dias um grande número de envenenamentos agudos e crónicos, que já estão a ganhar força como uma epidemia moderna e, de acordo com os dados da OMS, os envenenamentos ocupam o terceiro lugar entre as causas de morte mais comuns no mundo, imediatamente a seguir.

1.3. "Ambiente específico do solo" - definição e aspectos

Os poluentes antropogénicos podem ser definidos como qualquer substância química desconhecida do ecossistema natural e que é libertada para o ecossistema natural através de actividades humanas e pode causar efeitos indesejáveis, diretos ou indirectos, no homem e/ou noutros organismos e no equilíbrio físico, químico e biológico natural e nos processos ambientais. Os poluentes antropogénicos são frequentemente produzidos e utilizados para uma rápida industrialização na agricultura e nas indústrias (Binetti et al. 2008). As descargas destes poluentes antropogénicos nocivos têm conduzido à degradação ambiental local e global quando se acumulam no ar, na água, nos sedimentos, nos solos e no biota, incluindo os seres humanos (Lodeiro et al. 2010). Esta condição cria condições especiais e específicas em determinados segmentos do ambiente. O novo ambiente criado para o organismo vivo pode levar à toxicidade (se a concentração de certas substâncias químicas for elevada) ou cria-se uma condição específica à qual os organismos se adaptam. A adaptação na biosfera também leva à modificação de alguns mecanismos fisiológicos nos organismos e estes são avaliados ao longo do tempo. Nas últimas três décadas, a maioria destes compostos têm sido compostos orgânicos hidrofóbicos, atraindo a atenção de um grande número de estudos, devido à sua presença no ambiente e à tendência para a bioacumulação. "Hidrofono" significa baixa solubilidade em água, o que é um fator importante que influencia o futuro dos compostos orgânicos hidrofóbicos no ambiente (Binetti et al. 2008).

O futuro e o comportamento dos poluentes orgânicos no solo são influenciados pelas caraterísticas do solo, pelas propriedades dos compostos e por factores ambientais, tais como a temperatura e as calhas. O futuro possível dos poluentes do solo inclui a fuga de águas subterrâneas, a biodegradação, o arejamento, a ligação aos sólidos do solo e a transferência para os organismos. O solo pode atuar como um "reservatório" de poluentes orgânicos antropogénicos nos sistemas ambientais devido ao facto de o solo ter a capacidade de reduzir grandemente os poluentes orgânicos antropogénicos (Mocarelli, 1992). Estes processos incluem a absorção-dessorção na interação solo-água, a acumulação de plantas a partir da solução do solo na interação raiz-solo-rizosfera e a acumulação de micróbios do solo a partir da solução do solo na interação solomicroorganismo. O "armazenamento" de poluentes orgânicos no solo é controlado pela absorção e sequestro da solução do solo, enquanto a "descarga" é regulada pela dessorção na solução do solo e pela acumulação e degradação da planta e dos microrganismos do solo.

Cada mudança do equilíbrio natural da distribuição de componentes biodegradáveis no ambiente, leva à criação de um estado específico em diferentes partes do ambiente. Os processos e interações físico-químicos e biológicos são intensificados especificamente em condições de influência antropogénica no equilíbrio natural de compostos orgânicos e inorgânicos da biosfera (Gomes et al. 2017).

De particular importância são as interações solo-água-ar-organismos. A difusão é o único modo de transmissão molecular em águas hidroscópicas e capilares (Altenburger et al. 2013). Em geral, a transferência do composto orgânico das partículas do solo em outras fases, como plantas e microorganismos, é controlada por espécies dissolvidas e concentrações do composto em ambientes de solo onde há água (Altenburger et al. 2013). Isto é devido ao facto de que as partículas no solo estão sempre rodeadas por filmes aquosos que permeiam a sua superfície, que tem uma certa polaridade e as moléculas de água bissexuais (Altenburger et al. 2013). Além disso, a nutrição das plantas e organismos do solo, como as bactérias do solo, depende de compostos orgânicos e inorgânicos dissolvidos na água do solo (Altenburger et al. 2013).

Por conseguinte, a distribuição do composto orgânico nas partículas do solo, no ar, nas plantas e nos microrganismos e a sua transferência entre estas fases dependem em grande medida das diferentes relações interfaciais físico-químicas e biológicas relacionadas com a água no solo. Estes comportamentos incluem a absorção-dessorção na interface escova-água, a libertação para o ar no solo através da volatilização da água no solo na interface água-ar, a acumulação de plantas a partir da água no solo na interface raiz-água e a acumulação de microrganismos no solo a partir da água no solo na interface micróbio-solo. A distribuição da molécula orgânica nestas interfaces encontra-se num estado dinâmico. O equilíbrio estatisticamente óbvio entre as concentrações dos compostos orgânicos nas partículas do solo e as outras fases, como a água no solo, pode finalmente ser alcançado, o que ajuda a compreender o comportamento interfacial dos compostos orgânicos e a sua localização em diferentes compartimentos do solo. Embora as concentrações de poluentes no solo, na água e noutras fases dos sistemas naturais possam afastar-se do equilíbrio, os dados estatísticos de equilíbrio podem servir como um guia necessário para a direção do movimento dos poluentes num determinado momento, o que se deve muito provavelmente à poluição anterior.. Esta informação é de grande importância para explicar se o compartimento (como as partículas no solo) funciona como um local de armazenamento (recebendo poluentes) ou como uma fonte (para libertar poluentes) em condições especiais.

A compreensão do comportamento dos compostos orgânicos nestas interfaces pode ajudar a avaliar a identidade, a distribuição, a transferência, a biodisponibilidade e os riscos ambientais destes compostos no ambiente. Pode também ser útil desenvolver técnicas e/ou escolher uma técnica para alterar a distribuição e a transferência de compostos orgânicos nestas interfaces que permita obter resultados úteis (Gariazzo et al. 2005). Por exemplo, uma planta ou micróbio com elevada capacidade de acumular e degradar compostos orgânicos pode ser selecionado e cultivado para remediar solos contaminados. Além disso, pode ser adicionado um aditivo ao solo contaminado para acelerar a absorção de compostos orgânicos pelas partículas do solo, de modo a sequestrá-los no solo e a reduzir a sua concentração na água do solo e a sua acumulação pelas raízes, o que contribuirá para uma maior segurança alimentar produzida a partir destas plantas que crescem em solos contaminados (Beliaeff e Burgeot 2002).

2. DEGRADAÇÃO AMBIENTAL VS. PROGRESSÃO DO DESENVOLVIMENTO TECNOLÓGICO

Na última década, registaram-se algumas tendências encorajadoras em matéria de proteção do ambiente: as emissões de gases com efeito de estufa estão a diminuir; a percentagem de fontes de energia renováveis está a aumentar; certos indicadores de poluição do ar e da água revelam melhorias significativas a nível mundial, embora isso nem sempre resulte numa boa qualidade do ar e da água; e a utilização de materiais e a produção de resíduos, embora continuem a aumentar, estão a crescer a um ritmo mais lento do que a economia.

Algumas questões ambientais reflectem caraterísticas fundamentais do risco sistémico:

- muitos dos problemas ambientais, como o clima
- As alterações e a perda de biodiversidade estão relacionadas e têm um carácter complexo e frequentemente global;
- estão intimamente relacionados com outros desafios, como a utilização insustentável dos recursos, que se estende à esfera social e económica e prejudica os serviços do ecossistema;
- à medida que os desafios ambientais se tornam mais complexos e mais profundamente relacionados com outros problemas sociais, aumentando assim a incerteza e os riscos que lhes estão associados.

2.1 Questão geral das alterações climáticas

O clima global tem sido extremamente estável nos últimos 10.000 anos e tem proporcionado as condições para o desenvolvimento da civilização humana, mas atualmente há sinais claros de que o clima está a mudar (Conway et al. 1988). Este facto é amplamente reconhecido como um dos desafios mais significativos que a humanidade enfrenta. As medições das concentrações atmosféricas globais de gases com efeito de estufa (GEE) mostram um aumento evidente em relação ao período pré-industrial, com níveis de dióxido de carbono (CO2) muito acima do intervalo natural dos últimos 650 000 anos (Conway et al. 1988). O aumento das emissões de gases com efeito de estufa deve-se, em grande parte, à utilização de combustíveis fósseis, embora a desflorestação, as alterações no uso da terra e a agricultura tenham uma contribuição significativa, embora menor.

As principais fontes de emissões antropogénicas de GEE a nível mundial são a queima de combustíveis fósseis para a produção de eletricidade, os transportes, a indústria e os agregados familiares - que, em conjunto, representam cerca de dois terços do total das emissões globais. Outras fontes incluem a desflorestação, que representa um quinto, a agricultura, a eliminação de resíduos e a utilização de gases fluorados industriais. Em geral, na UE, o consumo de energia - a produção e o consumo de eletricidade e calor na indústria, nos transportes e nos agregados familiares - é responsável por quase 80% das emissões de GEE (Longhetto et al., 1997).

Por um lado, as emissões aumentaram devido a uma série de factores, tais como:

- aumento da produção de eletricidade e calor nas centrais térmicas, que cresceu tanto em termos absolutos como em comparação com outras fontes;
- crescimento económico das indústrias transformadoras;
- a procura crescente de transporte de passageiros e de mercadorias;
- A quota crescente do tráfego rodoviário em relação aos outros modos de transporte;
- um número crescente de agregados familiares;
- e as alterações demográficas registadas nas últimas décadas.

Por outro lado, as emissões diminuíram no mesmo período devido a factores como:

- melhorias na eficiência energética, especialmente entre a indústria e os utilizadores finais de energia;
- melhorias na eficiência dos combustíveis dos veículos;
- melhor gestão dos resíduos e maior utilização do gás dos aterros (o sector dos resíduos obteve as maiores reduções relativas);
- reduções das emissões agrícolas;
- transição do carvão para combustíveis menos poluentes, especialmente o gás e a biomassa para a produção de eletricidade e calor.

Prevê-se que as alterações climáticas desempenhem um papel significativo na perda de biodiversidade e ponham em risco as funções dos ecossistemas. A alteração das condições climáticas é responsável, por exemplo, pelas mudanças observadas na distribuição de várias espécies vegetais, a norte e a montante das colinas. A combinação do ritmo das alterações climáticas e da fragmentação dos habitats é suscetível de impedir a migração de muitas espécies vegetais e animais, podendo conduzir a alterações na composição das espécies e a um maior declínio da biodiversidade na Europa. São observadas e projectadas alterações nas ocorrências sazonais, nas datas de floração e nos períodos de crescimento agrícola. Nas últimas décadas, as alterações fenológicas também aumentaram o período de crescimento de várias culturas nas latitudes setentrionais, favorecendo a introdução de novas espécies que anteriormente não eram adequadas. Ao mesmo tempo, regista-se um encurtamento da estação de crescimento nas latitudes meridionais. Prevê-se que estas alterações nos ciclos das culturas continuem, com potencial para graves impactes nas práticas agrícolas (Carvalho 2017).

Do mesmo modo, prevê-se que as alterações climáticas venham a ameaçar os ecossistemas aquáticos. O aquecimento das águas superficiais pode ter vários efeitos na qualidade da água e, consequentemente, na sua utilização pelos seres humanos. Entre estes efeitos, contam-se a maior probabilidade de proliferação de algas e de deslocação de espécies de água doce para norte, bem como alterações na fenologia. Além disso, nos ecossistemas marinhos, as alterações climáticas podem afetar a distribuição geográfica do plâncton e dos peixes; por exemplo, uma mudança na época de floração do fitoplâncton na primavera exercerá uma pressão adicional sobre as unidades populacionais de peixes e as actividades económicas conexas.

A informação sobre os efeitos das alterações climáticas no solo e os vários efeitos de retroação associados é muito limitada, embora as alterações do carácter biofísico do solo se devam provavelmente ao aumento previsto das temperaturas, à variabilidade da intensidade e frequência da precipitação e a inundações mais graves. Estas alterações podem levar a uma redução das reservas de carbono orgânico do solo e a um aumento significativo das emissões de CO2. É possível que se preveja um aumento das variações do padrão e da intensidade da precipitação, o que torna os solos mais susceptíveis à erosão. Os riscos correspondentes dependem em grande medida do comportamento humano e da qualidade dos serviços de saúde. Além disso, o surto de uma série de doenças transmitidas por vectores, bem como de doenças relacionadas com a água, pode tornar-se mais frequente com o aumento das temperaturas e a ocorrência frequente de fenómenos extremos.

2.2 Perda de biodiversidade - degradação do capital natural

A "biodiversidade" inclui todos os organismos vivos encontrados na atmosfera, na terra e na água. Todas as espécies desempenham um papel e constituem o "material da vida" de que dependemos: desde a mais pequena bactéria do solo até ao maior mamífero do oceano. Os quatro blocos constituintes básicos da biodiversidade são as linhas, as espécies, os habitats e os ecossistemas (Mishra e Dhar 2004). Por conseguinte, a preservação da biodiversidade é fundamental para o bem-estar humano e o aprovisionamento sustentável dos recursos naturais. Além disso, a biodiversidade está estreitamente interligada com outras questões ambientais, como a adaptação às alterações climáticas ou a proteção da saúde humana. A biodiversidade é fortemente influenciada pelas actividades humanas, incluindo a agricultura, a silvicultura e a pesca, bem como a urbanização (Dukes e Mooney 1999). A nível mundial, estão a ser cultivadas enormes áreas de terra, a maior parte das florestas está a ser explorada e as áreas naturais estão a ser cada vez mais fragmentadas pelas áreas urbanas e pela construção de infra-estruturas. O ambiente marinho está também gravemente ameaçado, não só pela pesca insustentável, mas também por outras actividades, como a extração de petróleo e gás no mar, a extração de areia e gravilha, os transportes e os parques eólicos no mar.

A utilização dos recursos naturais conduz geralmente a perturbações e alterações na diversidade de espécies e habitats. Neste contexto, as práticas agrícolas extensivas, como nas zonas agrícolas tradicionais da Europa, contribuem para uma maior diversidade a nível regional, em comparação com o que seria de esperar em sistemas estritamente naturais (Dukes e Mooney 1999). Mas a sobre-exploração pode levar à degradação dos ecossistemas naturais e, eventualmente, à extinção de espécies. Exemplos desses efeitos ambientais recorrentes são o declínio das unidades populacionais de peixes comerciais devido à sobrepesca, a redução da polinização devido à agricultura intensiva e à redução da retenção de água, e o aumento dos riscos de inundação devido à destruição de planaltos (Dukes e Mooney 1999; Forman e Alexander 1998).

A conversão das terras conduz à perda de biodiversidade e à degradação das funções do solo. Em geral, as zonas urbanas expandiram-se mais à custa de todas as outras categorias de ocupação do solo, com exceção das florestas e das massas de água. A urbanização e a expansão das redes de transportes estão a fragmentar os habitats, tornando as populações animais e vegetais mais vulneráveis à extinção local devido à interrupção da migração e à fragmentação. Estas alterações na ocupação do solo afectam os serviços ecossistémicos (Forman e Alexander 1998). As caraterísticas do solo desempenham aqui um papel essencial, uma vez que afectam os ciclos da água, dos nutrientes e do carbono. A matéria orgânica do solo é um dos principais absorvedores de carbono terrestre, pelo que é importante para a atenuação das alterações climáticas. Os solos turfosos são os que apresentam a maior concentração de matéria orgânica em todos os solos, seguidos dos prados e florestas geridos de forma extensiva: por conseguinte, a conversão destes sistemas conduz a perdas de carbono no solo. A perda destes habitats está também associada a uma menor capacidade de retenção de água, a um maior risco de inundações e de erosão e a uma menor atratividade para actividades recreativas ao ar livre (McCarty 2001).

As florestas estão a ser exploradas de forma intensiva: a percentagem dos constituintes antigos é extremamente baixa. As florestas são essenciais para a biodiversidade e para a prestação de serviços ecossistémicos. Proporcionam habitats naturais para a flora e a fauna, proteção contra a erosão dos solos e as inundações, fixação de carbono, regulação do clima e têm um grande valor recreativo e cultural. A floresta é a vegetação natural dominante na Europa, mas as florestas que restam na Europa estão longe de estar intactas. A maior parte delas são exploradas de forma intensiva. As florestas exploradas carecem geralmente de grandes quantidades de madeira morta e de árvores mais velhas que sirvam de habitat para as espécies e apresentam frequentemente uma elevada percentagem de espécies arbóreas não nativas (McKinney 2002).

As áreas agrícolas estão a diminuir, mas a gestão está a intensificar-se: os prados ricos em espécies estão em declínio O conceito de serviços ecossistémicos é provavelmente mais óbvio para a agricultura. O objetivo principal é fornecer alimentos, mas as terras agrícolas também prestam muitos outros serviços ecossistémicos. As paisagens agrícolas tradicionais da Europa são um grande tesouro cultural, atraem o turismo e oferecem oportunidades de lazer ao ar livre. Os solos agrícolas desempenham um papel fundamental no movimento circular dos nutrientes e da água (McCarty 2001).

A agricultura caracteriza-se por uma dupla tendência: grande intensificação em algumas regiões e abandono das terras noutras. A intensificação tem por objetivo obter rendimentos mais elevados e exige investimentos em maquinaria, drenagem, fertilizantes e pesticidas. Está também frequentemente associada a uma rotação simplificada das culturas. Quando as condições socioeconómicas e biofísicas não o permitem, a agricultura permanece extensiva ou abandonada. Estes movimentos são impulsionados por uma combinação de factores, incluindo a inovação tecnológica, o apoio político e os movimentos do mercado internacional, bem como as alterações climáticas, as tendências demográficas e as mudanças de estilo de vida. A concentração e a otimização da produção agrícola têm consequências importantes para as aves e borboletas dos habitats agrícolas (McCarty 2001).

Os ecossistemas interiores e de água doce continuam a estar sob pressão, apesar da redução das cargas poluentes. Para além dos efeitos diretos da conversão e utilização dos solos, as actividades humanas como a agricultura, a indústria, a produção de resíduos e os transportes causam efeitos indirectos e cumulativos na biodiversidade - principalmente através da poluição do ar, do solo e da água. Uma vasta gama de poluentes, incluindo nutrientes em excesso, pesticidas, micróbios, produtos químicos industriais, metais e produtos farmacêuticos - acaba no solo ou nas águas subterrâneas e superficiais. A deposição atmosférica de substâncias que provocam a eutrofização e a acidificação, incluindo o óxido de azoto (NOx), o amónio mais amoníaco (NHx) e o dióxido de enxofre (SO2), complementa o cocktail de poluentes. Os efeitos nos ecossistemas vão desde danos nas florestas e lagos com a acidificação; perturbação do habitat devido ao enriquecimento de nutrientes; proliferação de algas causada pelo enriquecimento de nutrientes; distúrbios neurológicos e endócrinos em espécies com pesticidas, estrogénios esteróides e produtos químicos industriais como os PCB e distúrbios neurológicos e endócrinos em espécies (Ellis, 2011).

A manutenção da biodiversidade a nível mundial é essencial para os seres humanos. A perda de biodiversidade tem, em última análise, consequências de grande alcance para os seres humanos através de impactos nos serviços ecossistémicos. A transformação e a secagem em grande escala de sistemas naturais aumentam as emissões de carbono para a atmosfera e reduzem a capacidade de retenção de carbono e água. O aumento das taxas de fuga, combinado com o aumento da precipitação em resultado das alterações climáticas, é um cocktail perigoso sentido por um número crescente de pessoas sob a forma de inundações graves (Ellis 2011).

A biodiversidade também afecta o bem-estar ao proporcionar oportunidades de lazer e belas paisagens, uma relação que é cada vez mais reconhecida na conceção urbana e no ordenamento do território. Talvez menos óbvia, mas igualmente importante, é a relação entre os padrões de distribuição de espécies e habitats e as doenças transmitidas por vectores. Neste contexto, as espécies invasivas não nativas podem constituir uma ameaça. A sua capacidade de propagação e o seu potencial para se tornarem invasivas aumentam com a globalização do comércio, combinada com as alterações climáticas e a crescente vulnerabilidade das monoculturas agrícolas (Ellis, 2011).

2.3Recursos naturais e resíduos

O impacto global da utilização dos recursos a nível mundial continua a aumentar. O mundo depende fortemente dos recursos naturais para orientar o seu desenvolvimento económico. Existem preocupações crescentes quanto à sustentabilidade destes modelos, especialmente quanto às implicações da utilização e sobreutilização dos recursos naturais. A avaliação dos recursos naturais e dos resíduos neste capítulo complementa a avaliação dos recursos naturais bióticos no capítulo anterior, centrando-se nos recursos materiais e frequentemente não renováveis, bem como nos recursos hídricos. Uma análise dos recursos naturais em termos de ciclo de vida revela vários problemas ambientais relacionados com a produção e o consumo e combina a utilização dos recursos com a produção de resíduos. A utilização de recursos e a produção de resíduos são impactos específicos no ambiente, mas as duas questões partilham muitos dos mesmos factores - em grande parte relacionados com a forma e o local onde produzimos e consumimos bens e como utilizamos o capital natural para sustentar padrões de desenvolvimento económico e de consumo.

A gestão de resíduos continua a deslocar-se dos resíduos para a reciclagem e a prevenção. Todas as sociedades com um historial de rápido desenvolvimento industrial e consumo enfrentam a questão da gestão sustentável dos resíduos, e esta questão continua a suscitar preocupações significativas; em todo o mundo, há uma determinação em reduzir a produção de resíduos, mas não se consegue. As tendências nos fluxos de dados para os quais existem dados disponíveis indicam a necessidade de reduzir a produção de resíduos em termos absolutos, a fim de reduzir outros impactos ambientais.

As políticas de resíduos podem reduzir principalmente três tipos de pressões ambientais: as emissões das estações de tratamento de águas residuais, como o metano dos aterros sanitários; os efeitos da extração de matérias-primas primárias; e a poluição atmosférica e as emissões de gases com efeito de estufa provenientes da utilização de energia nos processos de produção. Embora os processos de reciclagem, por sua vez, também tenham impactos ambientais, na maioria dos casos os impactos globais evitados pela reciclagem e utilização são superiores aos que ocorrem nos processos de reciclagem. A prevenção de resíduos pode ajudar a reduzir os impactes ambientais durante todas as fases do ciclo de vida dos recursos. Embora a prevenção tenha o maior potencial para reduzir as pressões ambientais, as políticas de redução da produção de resíduos são raras e frequentemente pouco eficazes. Por exemplo, foi colocada a tónica no desvio de resíduos biológicos, incluindo resíduos alimentares, dos aterros. No entanto, seria possível fazer mais se toda a cadeia de produção e consumo de alimentos fosse tratada de modo a evitar os resíduos, contribuindo assim para a utilização sustentável dos recursos, a proteção dos solos e a atenuação das alterações climáticas.

3. CONCEITO DE SOLO E SUA DISTRIBUIÇÃO NATURAL

O solo é um meio extremamente complexo e variável. A estrutura do solo desempenha um papel significativo na determinação da sua capacidade para desempenhar as suas funções. Qualquer dano à estrutura do solo também prejudica outros meios ambientais e ecossistemas.

O solo está sujeito a graves degradações. Estas incluem a erosão, a redução da matéria orgânica, a contaminação local e difusa, o imprinting, a redução da biodiversidade, a salinização, as inundações, etc. Em combinação, todas estas degradações podem conduzir, em climas áridos e subáridos, à desertificação.

Os impactos no solo causados pelas actividades humanas estão em constante aumento, o que provoca graves consequências socioeconómicas.

Um dos principais desafios consiste em evitar a degradação do solo. Este objetivo deve ser alcançado através de medidas políticas especiais para a proteção e gestão do solo, bem como da incorporação das questões relativas à proteção do solo noutras políticas sectoriais, ou seja, na agricultura, silvicultura, gestão da água, transportes, etc.

O solo é utilizado pelas pessoas de inúmeras formas. Por esse motivo, tem muitas definições. Um engenheiro pode ver os solos como um material sobre o qual se constroem infra-estruturas, enquanto um diplomata pode referir-se ao "solo" como o território de uma nação. Na perspetiva de um cientista do solo, o solo é..:

A camada mineral e/ou orgânica da superfície da terra que sofreu um certo grau de meteorização física, biológica e química.

Os solos são recursos naturais limitados. São considerados renováveis porque estão em constante formação. Embora isto seja verdade, a sua formação ocorre a um ritmo extremamente lento. De facto, uma polegada de solo superficial pode levar várias centenas de anos ou mais a desenvolver-se. As taxas de formação do solo variam em todo o planeta: as mais lentas ocorrem em regiões frias e secas (mais de 1000 anos) e as mais rápidas em regiões quentes e húmidas (várias centenas de anos).

À medida que um solo envelhece, começa gradualmente a ter um aspeto diferente do seu material de origem. Isto deve-se ao facto de o solo ser dinâmico. Os seus componentes - minerais, água, ar, matéria orgânica e organismos - mudam constantemente. Alguns componentes são adicionados. Alguns perdem-se. Alguns movem-se de um lugar para outro dentro do solo. E alguns componentes são transformados noutros.

Para identificar, compreender e gerir os solos, os cientistas do solo desenvolveram um sistema de classificação ou taxonomia do solo. Tal como os sistemas de classificação de plantas e animais, o sistema de classificação do solo contém vários níveis de pormenor, do mais geral ao mais específico. Cada ordem baseia-se em uma ou duas propriedades físicas, químicas ou biológicas dominantes que a diferenciam claramente das outras ordens.

Talvez a forma mais fácil de compreender porque é que certas propriedades foram escolhidas em detrimento de outras seja considerar a forma como o solo (ou seja, a terra) será utilizado. Ou seja, a propriedade que mais afectará a utilização do solo tem precedência sobre uma que tem um impacto relativamente pequeno.

Textura - As partículas que compõem o solo são categorizadas em três grupos por tamanho: **areia, silte e argila**. As partículas de areia são as maiores e as partículas de argila as mais pequenas. Embora um solo possa ser todo areia, todo argila ou todo silte, isso é raro. Em vez disso, a maioria dos solos é uma combinação dos três. As percentagens relativas de areia, silte e argila são o que dá ao solo a sua textura. Um solo de textura argilosa, por exemplo, tem partes quase iguais de areia, silte e argila.

Estrutura - A estrutura do solo é a disposição das partículas do solo em pequenos aglomerados, chamados "peds". Tal como os ingredientes da massa de bolo se unem para formar um bolo, as partículas do solo (areia, silte, argila e matéria orgânica) unem-se para formar "peds". Os pedregulhos têm várias formas, dependendo dos seus "ingredientes" e das condições em que se formaram: molhar e secar, congelar e descongelar - até as pessoas que caminham ou cultivam o solo afectam as formas dos pedregulhos. As formas dos peds assemelham-se mais ou menos a bolas, blocos, colunas e placas. Entre os peds existem espaços, ou poros, nos quais se movem o ar, a água e os organismos. O tamanho dos poros e as suas formas variam consoante a estrutura do solo.

A textura e a estrutura de um solo dizem-nos muito sobre o seu comportamento. Os solos granulares com uma textura argilosa são as melhores terras agrícolas, por exemplo, porque retêm bem a água e os nutrientes. Os solos de grão único com uma textura arenosa não são bons para a agricultura, porque a água escorre demasiado depressa. Os solos platinosos, independentemente da textura, fazem com que a água se acumule na superfície do solo.

Cor - A cor pode indicar-nos o conteúdo mineral do solo. Os solos ricos em ferro são castanho-alaranjados a castanho-amarelados. Os solos com muita matéria orgânica são castanhos escuros ou pretos; de facto, a matéria orgânica mascara todos os outros agentes corantes.

A cor também nos pode dizer como é que um solo se comporta. Um solo que drena bem tem uma cor viva. Um solo que está frequentemente húmido e encharcado tem um padrão irregular (mosqueado) de cinzentos, vermelhos e amarelos.

3.1. Formação do solo

A secção vertical do solo que mostra a presença de camadas horizontais distintas é conhecida como o **perfil do solo**. O termo **horizonte** refere-se às camadas individuais ou distintas dentro do perfil do solo. A maioria dos solos é composta por vários horizontes. Normalmente, os horizontes de um perfil de solo seguem a topografia de uma paisagem. A designação dos limites dos horizontes também resulta de medições da cor, textura, estrutura, consistência, distribuição radicular, efervescência, fragmentos de rocha e reatividade do solo. A camada superior, o **horizonte O**, é constituída principalmente por material orgânico. As áreas florestais têm normalmente um horizonte O distinto. No entanto, nalguns locais, como pastagens ou campos cultivados, pode não existir um horizonte O. Factores como a erosão ou a lavoura constante contribuem para a falta de matéria orgânica. O horizonte O tem três subclassificações principais, ou distinções subordinadas (designadas por letras minúsculas): hémico (Oe), fíbrico (Oi) e sáprico (Oa). A camada hémica é constituída por material em decomposição ligeiramente decomposto, mas cuja origem ainda é identificável. A camada fíbrica é composta por material orgânico ligeiramente mais decomposto e não identificável, mas que não está totalmente decomposto. A camada sáprica é constituída por material totalmente decomposto cuja origem é completamente inidentificável.

O **horizonte A** é um horizonte mineral que se forma na superfície do solo ou logo abaixo dela. É comummente referido como o "solo superficial". Algumas caraterísticas de um horizonte A podem incluir a acumulação de matéria orgânica e/ou a presença de um plano de aragem. Um plano de arado (ou camada de arado) é uma caraterística comum de solos que foram submetidos a lavoura convencional em algum momento recente. O escurecimento do horizonte A pode por vezes ser atribuído ao movimento de matéria orgânica do horizonte O sobrejacente. Os solos sob cultivo intenso incorporam materiais que normalmente seriam considerados parte do horizonte O. Esses materiais orgânicos também contribuem para o horizonte A. Estes materiais orgânicos também contribuem para o horizonte A, levando a um teor orgânico mais elevado do que noutros horizontes.

O **horizonte E** (camada eluvial) é um horizonte mineral comum em solos florestais que se distingue pela ausência de argila, ferro (Fe) ou alumínio (Al). A perda dos materiais acima referidos é conhecida como **eluvião**, o que significa que estas substâncias e os minerais escuros foram retirados das partículas do solo. A argila, o Fe e/ou o Al são removidos do horizonte E por lixiviação, o que provoca a sua cor clara em comparação com os horizontes adjacentes. **A lixiviação** é a perda de nutrientes da zona radicular devido ao movimento da água através do perfil do solo. O horizonte E é composto por concentrações de quartzo, sílica ou outros minerais que são menos susceptíveis à lixiviação.

O **horizonte B**, conhecido como a "zona de acumulação", ocorre abaixo dos horizontes O, A e/ou E, se presentes. O horizonte B recebe depósitos de materiais iluviais, tais como partículas de argila, óxidos de Fe e Al, húmus (matéria orgânica formada a partir da decomposição de matéria vegetal e animal), carbonatos, gesso e silicatos lixiviados dos horizontes sobrejacentes. A presença comum de revestimentos de óxidos de Fe e Al dá frequentemente ao horizonte B uma cor mais vermelha ou mais escura do que os horizontes adjacentes.

O **horizonte C** é a camada de solo que geralmente sofre pouca influência dos processos de meteorização pedogénica e é, por isso, composta por material de origem parcialmente meteorizado. O horizonte C representa uma transição entre o solo e a rocha. À medida que a porção superior do horizonte C sofre meteorização, pode eventualmente tornar-se parte dos horizontes sobrepostos. Há uma mudança óbvia na estrutura do solo entre os horizontes B e C fortemente desenvolvidos que ajuda a identificar o limite do horizonte no campo; no entanto, a mudança de estrutura pode ser mais subtil em solos pouco desenvolvidos.

Sob o horizonte C encontra-se o **horizonte R**, ou rocha. Dependendo da localização geográfica, das condições ambientais e da posição da paisagem, o leito rochoso pode ser encontrado a mais de 30 metros de profundidade ou apenas a centímetros da superfície do solo. A rocha-mãe é uma camada consolidada de material rochoso que deu lugar às propriedades do solo encontradas no local. O leito rochoso é ocasionalmente rompido ou quebrado pelas raízes das árvores, mas as raízes geralmente não podem causar tensão suficiente na rocha para a fraturar, pelo que grande parte da meteorização do leito rochoso mais profundo é de natureza bioquímica. A camada de material recentemente intemperizado, em contraste com a rocha sólida (ou seja, a rocha-mãe), é geralmente designada por saprolito/saprock.

A divisão do perfil do solo designada por **regolito** é definida como "o manto não consolidado de rocha intemperizada e material do solo na superfície da Terra que se estende desde a superfície do solo até ao fundo do material de origem". Assim, basicamente, o regolito é o material heterogéneo que se encontra no topo da rocha sólida. O **solum** do solo é o material intemperizado do solo nos horizontes superiores do solo (tipicamente os horizontes A, E e B) localizados acima do material de origem (horizonte C). Nem todos os perfis de solo são compostos pelos mesmos horizontes. Alguns perfis conterão horizontes O, A, E, B, C e R, enquanto outro perfil de solo pode ser composto apenas por um horizonte C e R. Estas diferenças de horizonação são o que torna os solos únicos. As caraterísticas únicas do solo permitem que os cientistas do solo classifiquem os solos em diferentes categorias através da Taxonomia do Solo.

Os cinco factores de formação do solo que influenciam o desenvolvimento do solo foram inicialmente designados por Hans Jenny, um pedólogo americano, entre o início e meados do século XX. Os factores que ele determinou como essenciais na formação do solo incluem: material de origem, clima, biota, topografia e tempo (Jenny 1994). Hans apresentou estes factores sob a forma de uma fórmula: s = f (PM, Cl, O, R, T). A fórmula traduz-se, grosso modo, em que o solo é uma função do material de origem, do clima, dos organismos, do relevo e do tempo. Esta secção abordará brevemente o papel de cada um dos factores de formação do solo e a forma como cada fator contribui para o desenvolvimento do solo.

Material de origem - O material de origem é o mineral não consolidado e quimicamente desgastado ou a matéria orgânica a partir da qual o solo é desenvolvido. Consiste em qualquer número de combinações, como calcário, arenito ou mesmo rocha vulcânica. A área do perfil do solo conhecida como "Horizonte C" é composta por material de origem. Os materiais de origem são responsáveis pelas propriedades químicas e físicas de um solo e podem afetar a drenagem do solo, a porosidade e a água disponível para as plantas, entre outros aspectos. O material de origem em qualquer local pode variar muito, mesmo em áreas adjacentes umas às outras. Por exemplo, o Illinois contém oito regiões de solo diferentes que são o resultado de glaciações, de materiais soprados pelo vento e da meteorização contínua do material de origem.

Clima - No início do desenvolvimento do perfil do solo, o material de origem dá lugar às principais propriedades físicas e químicas de um solo. À medida que o solo se torna mais desenvolvido (através da formação de horizontes e do aumento da estrutura do solo ao longo do tempo), as suas caraterísticas dependem mais fortemente das condições climáticas a que está exposto. O clima desempenha um papel significativo na formação do solo e qualquer número de ocorrências relacionadas com o clima (por exemplo, precipitação e temperatura) pode influenciar o desenvolvimento do solo.

Biota - As caraterísticas do perfil do solo relacionadas com a atividade biótica (vegetal e animal), como as tocas, os montes, os canais radiculares e as carcaças de minhocas, contribuem para o desenvolvimento do perfil do solo porque cada um destes processos altera a porosidade do solo. As tocas dos animais, tal como os antigos canais radiculares, criam grandes poros para o rápido movimento de água, gases e solutos através do solo. A estrutura de alguns horizontes superficiais é formada inteiramente pela atividade animal (minhocas, formigas, térmitas e outros organismos). As minhocas são capazes de consumir diariamente o seu próprio peso corporal em alimentos. São também responsáveis pelo "afundamento" de objectos no perfil do solo ao longo do tempo. Charles Darwin dedicou o seu último livro, "The Formation of Vegetable Mould Through the Action of Worms", ao processo de **bioturbação**, o processo em que as plantas e os animais facilitam a mistura, ou rearranjo, do perfil do solo. Tal como os animais, as plantas podem ter uma forte influência nas propriedades do solo. Por exemplo, o facto de um solo ser formado por um coberto florestal ou por vegetação de pradaria pode influenciar grandemente as entradas de carbono no sistema e, em última análise, a forma como o solo é classificado (ver secção Classificação do solo). As raízes das plantas aumentam a infiltração, rompem camadas densas do solo e podem extrair nutrientes e humidade das profundezas do perfil do solo. Para além disso, o lançamento do vento (arrancamento de árvores pelo vento) pode criar uma topografia de fossos e montes que ajuda a desgastar fisicamente o solo, deslocando e partindo rochas. O derrube pelo vento pode também expor os solos mais profundos a condições de superfície que podem levar a uma meteorização química acelerada.

Topografia - A topografia (declive e aspeto) também tem uma forte influência nas caraterísticas do solo. O declive pode influenciar a erosão e a deposição ao longo de uma encosta (Figura 2). Os solos íngremes são susceptíveis de erosão acelerada e têm geralmente um horizonte A menos profundo e um menor desenvolvimento global. Por outro lado, o desenvolvimento do solo em áreas planas é fortemente influenciado pela drenagem do solo, onde os solos bem drenados tendem a ter um maior desenvolvimento em comparação com os solos mal drenados. Um solo plano e mal drenado retém água, deixando o perfil do solo saturado, o que atrasa o desenvolvimento do perfil do solo. Em solos bem drenados, os horizontes E podem desenvolver-se acima de um horizonte B bem desenvolvido devido à eluvião (transporte de materiais através da água) de argila dos horizontes superiores do solo. Além disso, o aspeto (ou direção horizontal) em que um solo é formado afecta o desenvolvimento do perfil. As encostas viradas para sul recebem uma radiação solar mais intensa do que as encostas viradas para norte, o que afecta a temperatura e as condições de humidade do solo. Nos Apalaches, as encostas viradas a sul são dominadas por espécies de coníferas, enquanto as encostas viradas a norte são dominadas por espécies de folhosas devido a diferenças no microclima. Além disso, a posição topográfica (ou seja, cume, ombro, encosta posterior e encosta inferior) influencia o desenvolvimento dos solos. Geralmente, os cumes são bem drenados e têm um forte desenvolvimento de horizontes, ao passo que os ombros e as encostas são influenciados pela erosão e têm solos superficiais menos profundos e menos infiltração. As encostas acumulam tipicamente matéria orgânica e solo superficial proveniente de aluviões (depositados por cursos de água) e coluviões (depositados principalmente por gravidade), dando origem a horizontes A mais espessos que se sobrepõem a solos relativamente jovens.

Tempo - A duração do tempo de desenvolvimento de um solo é determinada em grande parte pelo grau de meteorização do solo. O tempo tem dois significados distintos em termos de formação do solo. O solo é influenciado tanto pelo tempo cronológico como pelo tempo fisiológico. A "idade" de um solo refere-se geralmente ao grau ou quantidade de meteorização a que o solo foi submetido. Esta idade não se refere ao tempo cronológico, mas às caraterísticas fisiológicas atribuídas ao solo através do processo de meteorização.

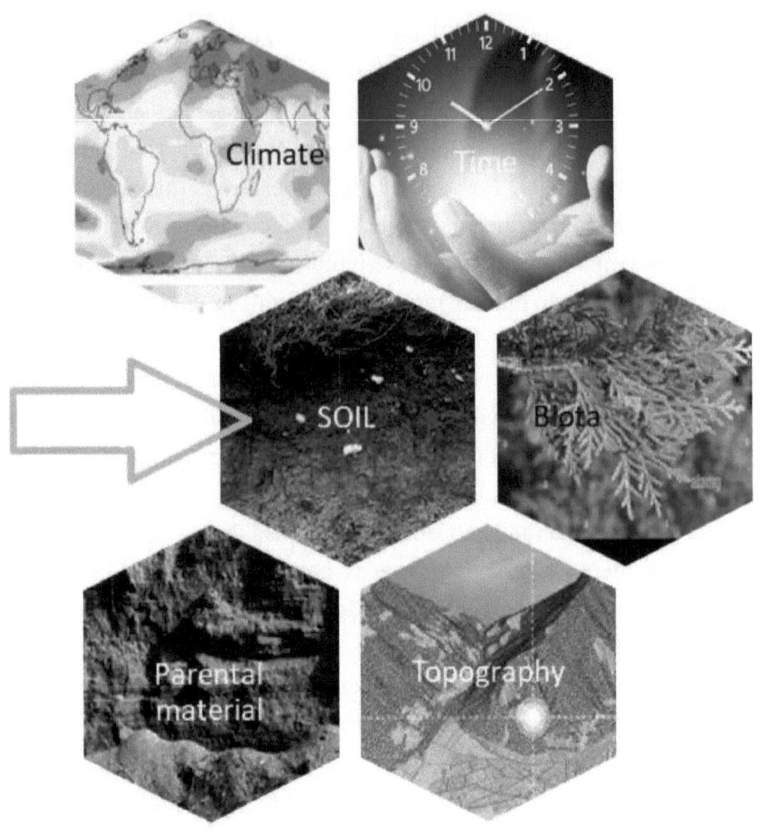

Figura 2. Factores de formação do solo

3.2. Bio-interações do solo

Uma das funções essenciais do solo é servir de abrigo aos organismos. O biota do solo desempenha um papel fundamental nos ecossistemas do solo, decompondo folhas, troncos abatidos e animais e fornecendo também a principal fonte de nutrientes para a vegetação. O biota do solo inclui flora (plantas) e fauna (animais). A fauna do solo é alimentada por uma grande variedade de fontes de energia, incluindo: material vegetal vivo (herbívoros), animais (carnívoros), material morto (detritívoros), fungos (gabiads) e bactérias (bacteriads). O tamanho da fauna do solo também varia. A macrofauna (>2 mm) inclui animais como arbustos, traças, minhocas, centopeias, formigas e térmitas; a mesofauna (0,1 - 2,0 mm) inclui molas e ácaros; a microfauna (<0,1 mm) inclui espécies como rotíferos, nemátodos e outros organismos unicelulares. A flora do solo inclui organismos tão pequenos como as diatomáceas e as algas até ao tamanho de raízes de árvores. Um membro importante da flora do solo são as micorrizas, uma relação simbiótica (mutuamente benéfica) dos fungos com as raízes das plantas. A maioria das plantas tem raízes infectadas com fungos micorrízicos. A micorriza melhora a absorção de água e nutrientes, aumentando a área de superfície da raiz e acelerando a meteorização mineral que liberta nutrientes para o solo (Fisher e Binkley 2000).

Coletivamente, o biota do solo executa processos enzimáticos e físicos que decompõem a matéria orgânica, criam húmus no solo e disponibilizam nutrientes às plantas. A decomposição é um dos papéis mais críticos que o biota do solo desempenha no ecossistema. Sem uma decomposição eficiente, a matéria orgânica acumular-se-ia na superfície do solo e os nutrientes ficariam retidos no seu interior. A decomposição inicia-se imediatamente quando uma folha, galho ou fruto atinge o solo. Uma vez na superfície da terra, o biota começa a decompor fisicamente o material, criando uma área maior para a flora conseguir aderir.

3.3. Conceito básico de química do solo

As propriedades químicas do solo podem ser ajustadas através de vários métodos e melhoramentos. A composição química agrícola comum da matéria e da matéria orgânica, das partículas do solo, da solução do solo, das caraterísticas de carga do solo, do desempenho de adsorção do solo, do pH do tampão do solo, como a oxidação e a redução do solo. As relações entre eles, a restrição mútua, e nos minerais do solo e matéria orgânica, como eles são dominantes.

As propriedades químicas do solo e os processos químicos que afectam a fertilidade do solo são um fator importante. Para além de a acidez do solo e as propriedades redox terem um impacto direto no crescimento das plantas, as propriedades químicas do solo, principalmente através do solo e da construção, e o estado de intervenção dos nutrientes afectam indiretamente o crescimento das plantas. A composição mineral do solo, a quantidade e a composição da matéria orgânica, os catiões permutáveis do solo, etc., a quantidade e a composição da textura do solo, o solo, a construção e a humidade do solo, influenciam a atividade biológica. Os poluentes no solo e o seu destino também são afectados pela conversão da natureza química das limitações do solo. As propriedades físicas do solo, tais como a textura do solo, o solo e a construção e as condições de humidade do solo para o número e a natureza das partículas do solo, as caraterísticas de carga, o grau redox e a composição da solução do solo tiveram um efeito significativo; os organismos do solo, especialmente os micróbios do solo, afectarão a acumulação de matéria orgânica no solo, a decomposição do húmus e as melhorias, e as iniciativas da indústria incluem fertilizantes orgânicos, solo de viagem (pegajoso), cultivo, irrigação ou drenagem, medidas químicas incluem solos ácidos calcários, com a aplicação de gesso no solo.

4. DEGRADAÇÃO DOS SOLOS AGRÍCOLAS

As terras agrícolas podem tornar-se visivelmente poluídas por poluentes orgânicos e inorgânicos através da rápida expansão dos territórios industriais e da utilização de estrume, fertilizantes químicos e resíduos sólidos orgânicos (Khan et al. 2008; Zhang et al. 2010). Os arrozais são fontes antropogénicas de emissões de CH4, que representam 19% do total global de CH4 (Smith et al. 2007). O arroz é uma das principais culturas de cereais que está a alimentar mais de metade da população mundial (Haque et al. 2015). A FAO (2010) estimou que é necessário aumentar a produção de arroz em até 40% até o final da década de 2030 para atender à demanda cada vez maior da população. Este aumento pode levar a uma maior aplicação de fertilizantes azotados nos arrozais, o que, em última análise, resulta em emissões de CH4 e N2O para o ambiente (Gagnon et al. 2011). As emissões de N2O dos arrozais resultam em cerca de 5% do total das emissões globais de GEE (WRI 2014), e principalmente esta emissão de N2O está ligada a aplicações de fertilizantes N inorgânicos/orgânicos (Davidson 2009). Conforme indicado pela FAO (2010), a agricultura foi o terceiro maior contribuinte de emissões mundiais por área, com CH4 representando metade das emissões agrárias agregadas, N2O para 36% e CO2 para cerca de 14% (Reynolds 2013). Em 2012, as práticas agrícolas produziram 470,6 milhões de toneladas de equivalentes de CO2 (avaliadas para CH4 e N2O), correspondendo a cerca de 9,6% das saídas de GEE.

Quando as terras agrícolas são alteradas com fertilizantes ricos em N (por exemplo, fertilizantes sintéticos, estrume orgânico, composto e biochar), o N inorgânico é descarregado no solo e convertido em N2O pelos micróbios do solo. Estima-se que aproximadamente 1% da aplicação de N proveniente de adubos inorgânicos e orgânicos é diretamente emitida para a atmosfera. De um modo geral, as emissões de gases com efeito de estufa dos arrozais dependem diretamente do tipo de solo e da quantidade, tipo e método de aplicação de fertilizantes, que influenciam o fluxo de emissões (IPCC 2006). A Figura 7.1 mostra muitos factores que determinam a emissão de GEE das terras de arroz (Skiba et al. 2013; Natywa et al. 2014).

A aplicação de fertilizantes químicos tornou-se parte integrante da agricultura moderna, e cerca de 25% da produção das culturas é atribuída à utilização de fertilizantes orgânicos e inorgânicos. O solo necessita de vários nutrientes para as plantas em diferentes concentrações para o crescimento e desenvolvimento normais das culturas. Entre estes, N, P, K, Ca, Mg e S são necessários em grandes quantidades, designados por macronutrientes, enquanto outros como B, Fe, Zn, Cu, Mo, Mn, Ni e Cl são necessários em pequenas quantidades, designados por micronutrientes. Estes nutrientes são essenciais para várias funções normais das culturas. Na maturidade, quando as culturas são colhidas, algumas quantidades de nutrientes são esgotadas e, por conseguinte, o solo torna-se deficitário em nutrientes, o que resulta numa baixa fertilidade. Consequentemente, registam-se baixos rendimentos das culturas e produção de biomassa. Por conseguinte, a reabilitação do estado de fertilidade do solo é necessária para o crescimento e rendimento normais das culturas. O arroz necessita de uma maior quantidade de nutrientes, o que resulta numa redução da fertilidade do solo e do rendimento líquido por unidade de área (Anonymous 2001). A cultura geral necessita de 15 kg de N, 4 kg de P2O5 e 24 kg de K2O por tonelada de produção de grãos de arroz com igual quantidade de palha dos solos (Hegde 1992). Normalmente, as variedades de arroz de alto rendimento consomem mais nutrientes do que a quantidade de fertilizantes aplicada. Esta aplicação desequilibrada de fertilizantes causa baixa fertilidade do solo e diminuição/baixo rendimento das culturas (Nambiar et al. 1992). Da mesma forma, a sobredosagem de fertilizantes também causa graves riscos não só para as plantas, mas também contamina o ambiente da água do solo, como a eutrofização, etc. Por conseguinte, a utilização correta e equilibrada de fertilizantes é necessária para o fornecimento de nutrientes e para a máxima eficiência da utilização de fertilizantes. De acordo com Donald Worster, "o solo é um recurso natural que não pode ser recriado através da aplicação de fertilizantes químicos"; por conseguinte, é necessário um sistema agrícola integrado para manter a saúde do solo e reduzir a poluição do seu ambiente. A utilização imprudente de fertilizantes para obter o rendimento pretendido das culturas de arroz levantou um problema de poluição por metais pesados, especialmente chumbo e cádmio, no ambiente do solo. A totalidade dos fertilizantes aplicados não é absorvida pelas culturas, uma parte perde-se no ar por volatilização e outra é lixiviada para o perfil do solo, o que acaba por resultar na poluição dos recursos naturais.

A utilização excessiva de fertilizantes azotados também constitui uma ameaça para os solos de arroz, especialmente quando são eliminados pela água de escoamento ou lixiviados para as águas subterrâneas e convertidos em nitritos. Os fertilizantes azotados são adicionados ao solo sob várias formas, como o azoto orgânico e inorgânico, que são rapidamente mineralizados em amoníaco e nitrato através de vários processos químicos e biológicos nas zonas tropicais e subtropicais. O nitrato formado torna-se suscetível de lixiviação se não for absorvido pelas plantas ou desnitrificado. As águas subterrâneas ricas em nitratos estão normalmente sujeitas a uma camada impermeável em solos de arroz, o que resulta num lençol freático pouco profundo. No entanto, as perdas por escoamento superficial são muito raras e o nitrato é principalmente nocivo sob a forma de nitrito.

O potássio, o terceiro macronutriente mais requerido pelas plantas, é também considerado um poluente se estiver presente em quantidades excessivas no solo. Mahalanobis (1971) registou uma perda de potássio de 15,94 kg/ha em solos de arroz irrigado de terras baixas. Da mesma forma, Naidu (1974) também registou uma perda média de 21,10 kg/ha em solos de arroz submersos, que é comparativamente maior do que a dos solos não saturados, variando entre 5 e 8 g/ha.

A aplicação de pesticidas tornou-se uma componente essencial do sistema agrícola moderno. No entanto, a sua utilização pode causar um grave risco não só para o ambiente do solo, mas também para os seres humanos e todos os organismos vivos. Normalmente, os pesticidas são aplicados na folhagem das plantas e cerca de 99% acabam por chegar ao solo, sendo sujeitos a vários destinos/processos no solo. Em geral, a utilização de pesticidas por hectare pode ser inferior à dos países desenvolvidos, mas a maior parte deles é altamente persistente e não degradável. O sector agrícola utiliza 250 pesticidas, 100 dos quais são insecticidas. Os pesticidas são utilizados contra as pragas, mas também podem afetar outros organismos benéficos para o solo, que o utilizam como abrigo para a sua sobrevivência e têm um papel importante na fertilidade e na saúde do solo. Apenas 1% dos pesticidas aplicados atingem o seu objetivo, e toda a quantidade restante pode afetar negativamente a flora e a fauna do solo (Misra e Mani 1994). O arroz de regadio é mais propenso a ataques de pragas e, geralmente, mais de 100 espécies de pragas e agentes patogénicos podem atacar o arroz. Isto resulta numa perda de 5-15% do rendimento e, por conseguinte, é utilizada uma maior quantidade de pesticidas e fungicidas para obter os rendimentos desejados. Quase 17% do total de pesticidas utilizados são aplicados na cultura do arroz (Subbaiah 2006). As variedades de alto rendimento do arroz e de outros cereais são facilmente atacadas por pragas e doenças, o que aumentou a utilização de produtos químicos. A persistência e a degradação dos pesticidas/insecticidas dependem de vários factores, como a natureza do produto químico e o solo (tipo, humidade, temperatura, arejamento, fauna, etc.). Os produtos químicos persistentes tendem a acumular-se no solo, nas plantas e nos organismos vivos através da cadeia alimentar. Por exemplo, o DDT é um inseticida sintético e foi considerado muito eficaz na sua era/fase inicial de aplicação, mas, passado algum tempo, verificou-se que era muito prejudicial/tóxico, uma vez que a sua meia-vida nas zonas temperadas é de 10 a 15 anos e nas zonas tropicais é de 6 meses. Os pesticidas também se fixam nas partículas do solo, que são translocadas por vários agentes, pelo que se podem acumular em todo o solo.

Tal como outros problemas do solo, a quantidade excessiva de sais e de água também afecta negativamente os solos de arroz, uma vez que a maior parte da água de irrigação contém uma quantidade elevada de sais e uma grande quantidade desta água perde-se por evaporação. Como resultado, os sais formam uma camada na superfície do solo. Esta situação provoca um baixo crescimento, um baixo rendimento e, em última análise, a morte das plantas, e o solo torna-se degradado e impróprio para a agricultura. A remoção destes sais é dispendiosa e também torna a água a jusante salgada. O excesso de água no solo é um problema importante que causa o encharcamento (uma condição em que todos os poros do solo ficam cheios de água e se desenvolve uma condição anaeróbica). Isto ocorre principalmente em solos salinos mal drenados, onde é aplicada uma grande quantidade de água para lixiviar os sais na água, e o lençol freático é elevado até à zona das raízes, envolvendo as raízes das plantas, o que acaba por resultar no fracasso das colheitas.

O arsénio é um metaloide tóxico bioativo que se acumula no arroz. A exposição prolongada ao arsénio (As) causa várias doenças, como hipopigmentação, melanésia, queratose, cancro da pele, da bexiga e do pulmão, etc. (Naujokas et al. 2013; Smith et al. 2003). Os alimentos e a água potável são as únicas vias de transmissão do arsénio (As) aos seres humanos e aos animais. Para além de outros metais pesados como o cádmio, o arroz é um acumulador eficiente de arsénio (As), tornando o seu consumo uma importante fonte de exposição ao arsénio (As) para os seres humanos (Sohn 2014). O arsénio está quase presente em todas as partes/ubiquidades do mundo. Em condições aeróbicas, ocorre na forma oxidada, ou seja, As(V), enquanto em condições anaeróbicas está presente na forma reduzida, ou seja, As(III) (Huang et al. 2011). O arsénio (As) é acumulado de forma mais eficiente no arroz do que noutros cereais, em resultado de condições anaeróbias dominantes que causam As3+, que é a forma móvel de As (Xu et al. 2008; Sohn 2014; Williams et al. 2007). O arroz é também um acumulador de Si e necessita de grandes quantidades de Si para um crescimento ótimo. Devido à semelhança com o silício (Si), o arroz acumula uma maior quantidade de As (Ma e Yamaji 2006). O grão de arroz contém As3+ e As5+ inorgânicos e também uma quantidade considerável de arsénio orgânico (As) como ácido dimetil arsénico (DMAV) (Williams et al. 2005). Os nós do arroz são o local mais crucial para o armazenamento de As, servindo como um filtro que restringe a transferência/movimentação/translocação de arsénio (As) para os rebentos e os grãos de arroz (Song et al. 2014; Yamaji e Ma 2014; Chen et al. 2015).

A poluição por metais pesados é um problema omnipresente na maioria dos solos mundiais. Deve-se principalmente a várias actividades antropogénicas como a exploração mineira, a eliminação de resíduos e efluentes, etc. nas últimas décadas, especialmente em solos agrícolas (Liu et al. 2005; Zeng et al. 2008; Rogan et al. 2009). Entre a vasta lista de metais pesados, alguns são necessários para as plantas em menor quantidade como micronutrientes como Fe, Mn, Zn, etc., enquanto outros são bastante tóxicos e representam uma grande ameaça para os organismos vivos (Machender et al. 2014; Adepoju e Adekoya 2014). A principal via de transporte destes metais pesados para os seres humanos e outros organismos vivos é a via solo-culturas-alimentos, em que uma parte dos resíduos vegetais, como raízes, palha, etc., é adicionada ao solo. As restantes porções são utilizadas como alimento/forragem para o gado (Almasoud et al. 2015). As culturas e os vegetais podem acumular várias quantidades de metais. Esta acumulação depende principalmente da mobilidade e disponibilidade destes metais nos solos (Sidenko et al. 2007). Yap (2009) referiu que a maioria dos metais pesados se acumula nas raízes das plantas, com exceção do Mn, que se acumula nas folhas do arroz, e do Cd, que se distribui uniformemente por toda a planta do arroz. No entanto, o Cu também é altamente acumulado nas raízes das plantas de arroz.

5. PRINCÍPIOS BÁSICOS DA CONCEPÇÃO DE MODELOS ANALÍTICOS

O trabalho científico é um estudo sistemático e lógico que está sujeito a uma metodologia complexa, composta por muitos princípios e métodos, que visa encontrar e revelar factos e verdades sobre determinadas questões, fenómenos e processos. Na sua investigação científica, cada ciência aplica determinados procedimentos e métodos. Por conseguinte, quem quiser interessar-se pela ciência e ter êxito no seu trabalho científico terá de conhecer bem a metodologia do trabalho científico, respeitando os métodos e as regras utilizados no domínio do seu interesse científico. Nas últimas décadas, a metodologia desenvolveu-se significativamente como uma disciplina científica especial. Nomeadamente, a metodologia é uma forma - um método que utiliza determinados meios e caminhos com a ajuda dos quais os trabalhadores científicos chegam a determinados conhecimentos. O tema da metodologia em si engloba muitos princípios da lógica geral - a ciência das regras e o caminho do pensamento correto.

O objeto e a função da metodologia estão intimamente relacionados com a epistemologia (teoria da consciência científica). No entanto, a metodologia não estuda apenas o caminho e os meios para resolver determinados problemas, mas também está orientada para o estudo dos problemas relacionados com a aquisição de novos conhecimentos, a fim de aumentar a qualidade do sistema científico.

No objeto de cada ciência, e por conseguinte na própria metodologia, não pode existir sem as seguintes caraterísticas básicas da consciência científica: objetividade, certeza, verificabilidade, precisão, sistematicidade, composição, totalidade:

- A objetividade implica a ausência de parcialidade, veracidade, neutralidade, justiça, atitude ativa do cientista, disciplina na investigação, indiferença.
- A segurança implica perseverança e dedicação ao trabalho para atingir os objectivos.
- A verificabilidade e a confidencialidade implicam coerência e argumentação em relação à investigação.
- A precisão implica o esforço do investigador para ser correto e persistente em todas as fases do processo de investigação.

- A sistematização implica a organização do investigador ao longo de todo o processo de investigação.
- A composição implica a aplicação contínua de métodos científicos no processo científico, aderindo ativamente ao tema, ao objetivo e à estrutura da investigação.
- A totalidade ou generalização implica uma tendência no processo de investigação para descobrir certos fenómenos e relações que são favoráveis à consciência científica e à aplicabilidade.

A maior parte da investigação científica está sujeita às opiniões subjectivas e aos pressupostos de um certo número de cientistas. A objetividade foi sempre corroída pelas opiniões e suposições subjectivas de um cientista que representa o chamado ceticismo absoluto, ou seja, a menção absoluta em tudo e em todos, isto é, em todas as consciências científicas. No entanto, na ciência é permitido e assim por diante. ceticismo metódico. O ceticismo metódico significa basicamente a crítica de cada informação na ciência, de cada movimento da ciência, etc., e esta é de facto uma das caraterísticas importantes do modo de pensar científico. Se este ceticismo for entendido desta forma, como dúvida em tudo até que as razões para a dúvida sejam descartadas, então podemos dizer livremente que o ceticismo metódico é forte e está enraizado na ciência.

De uma forma geral, no trabalho científico existem três grupos básicos de problemas: lógicos, técnicos e científicos estratégicos. Os problemas lógicos são a formulação de conceitos científicos, hipóteses, análises. Os problemas técnicos são todos os meios utilizados para a recolha de material científico e de investigação, a utilização de instrumentos, a organização e o tratamento de dados. Os problemas estratégicos são todas as conclusões que têm por objetivo resolver determinados problemas, a fim de encontrar novas verdades e conhecimentos científicos. Em cada trabalho, mesmo na investigação científica, os próprios sujeitos constroem o seu método de trabalho, mas antes disso é necessário utilizar os métodos desenvolvidos e utilizados por outros trabalhadores científicos. Daí o significado essencial da metodologia, pois sem o conhecimento da mesma não há investigação científica e desenvolvimento da consciência científica.

5.1. Critérios de seleção das matrizes

Na maioria das vezes, a investigação realizada para examinar a qualidade do ambiente é objeto de uma abordagem multidisciplinar. Naturalmente, isto também se refere à abordagem metodológica da investigação. Existem mais de 30 abordagens metodológicas de investigação unificadas. Na elaboração de um modelo experimental para a análise de segmentos ambientais, os métodos de análise e de síntese são geralmente aplicados e utilizados.

A análise é um processo de pensamento, teórico e prático, que decompõe o todo material ou intelectual complexo, os processos, os fenómenos e os objectos em partes ou aspectos gerais e específicos, a fim de descrever e determinar o modo como afectam o todo. A análise é uma avaliação crítica e, ao mesmo tempo, uma procura de uma ligação entre causas e consequências e a obtenção de conclusões através da divisão ou decomposição do todo nas suas componentes. São utilizadas várias actividades e técnicas para efetuar a análise. Nos últimos anos, tem sido frequentemente utilizada a análise de clusters ou de grupos, que é uma técnica multivariada de análise estatística baseada nos esforços para determinar, identificar e analisar objectos ou variáveis homogéneas relevantes. A análise e a síntese na investigação científica estão sempre juntas e, por isso, podemos tratá-las como um único método científico, o método analítico-sintético.

Quando se trata de monitorizar os fenómenos naturais e antropogénicos no ambiente, a aplicação de uma metodologia comparativa deve certamente ser assinalada. Um método que aplica uma comparação de factos, fenómenos, processos e relações iguais ou relacionados, ou seja, determina a sua semelhança e diversidade. Este método permite aos investigadores enriquecer os seus conhecimentos e chegar a novas conclusões. A comparação entre duas coisas, dois fenómenos, dois acontecimentos, move-se de modo a que primeiro se determinem os seus pontos comuns e, em seguida, os que os distinguem. A comparação deve sublinhar o que é comum e o que é diferente, mostrando também o papel cognitivo deste método. Neste método, podem ser aplicadas palavras que têm um objetivo para um determinado significado metafórico. Nomeadamente, através de expressões pictóricas, de várias palavras - na maioria das vezes adjectivos - é-nos apresentado algo que nos deve ser conhecido, de modo a que o desconhecido seja comparado com algo semelhante e conhecido por nós. As caraterísticas e objectivos importantes deste método são: identificação de coisas comuns ou semelhantes, fenómenos, formas que são exploradas; definição da hipótese básica; teste da hipótese e das suas especificidades; comparação sistemática; classificação de novos fenómenos na composição. Os objectivos são definidos através da descrição da estrutura, funções e comportamento das partes como comuns ou diferentes; classificação de coisas e fenómenos recentemente conhecidos e sua sistematização; deteção ou monitorização do desenvolvimento, evolução, estratégia, progresso ou atraso no desenvolvimento de determinadas coisas e fenómenos definidos.

A estatística é uma ferramenta, um método científico para estudar fenómenos atípicos expressos em números. A estatística é um dos métodos mais aplicados no trabalho de investigação científica em todos os domínios científicos, áreas, domínios, disciplinas e é, por isso, conhecida como um método científico geral. A estatística, enquanto método científico, está a evoluir muito rapidamente, pelo que estão constantemente a surgir novos procedimentos-métodos estatísticos (Charou et al., 2003). Estes novos procedimentos estatísticos são aplicados em determinadas áreas e disciplinas científicas. O cientista moderno precisa de conhecer o método estatístico para poder recolher facilmente os dados, processá-los e, com base neles, chegar a determinadas conclusões. De entre os numerosos procedimentos estatísticos aplicados em vários domínios e disciplinas científicas, podemos citar análise de sequências de atributos e geográficas; análise de sequências numéricas (média aritmética, mediana, modus, momento, medidas de dispersão e assimetria, medidas de circularidade); análise de séries temporais (índices, valor médio, séries temporais); distribuição teórica (distribuição normal, binomial, de Student, de Polyson e hipergeométrica); método de amostragem; representação gráfica de dados estatísticos histogramas, gráfico retangular ou de barras, círculos estruturais, diagrama linear, cartograma, pictograma - gráfico com imagens, pontos ou outros sinais, mapas estatísticos, etc.); e correlação (linear, correlação, curvilínea, correlação parcial).

Os modelos métricos permitem a estimativa de quantidades, a determinação de variáveis, as projecções de desenvolvimento, a análise de ciclos económicos, o movimento da oferta e da procura. Por outro lado, o método de simulação implica a aplicação de calculadoras modernas, o comportamento teórico de fenómenos e processos na realidade, a fim de encontrar a solução mais favorável possível.

A modelização é um procedimento sistemático de investigação através do qual são elaborados modelos reais ou de pensamento, ou seja, modelos de esboços, objectos, fórmulas matemáticas, etc. (Gilbert, 1987). O modelo é um processo cognitivo dialético do movimento da cognição da prática para a teoria e da teoria para a prática. O objeto da modelação pode ser qualquer fenómeno, ou seja, qualquer objeto, ou físico, orgânico. A estrutura da modelação é composta por quatro factores: factores objectivos passivos (objeto da modelação), factores subjectivos activos, meios ou instrumentos, posição na realidade objetiva e condições. Por conseguinte, um modelo pode ser qualquer modelo, esboço, imagem, como uma planta da cidade, um mapa, vários modelos em miniatura ou reais, um organigrama, etc.

5.2. Conceção experimental

Uma experiência é um procedimento planeado e organizado de observação controlada, de verificação de uma lei, de um processo ou de um fenómeno que é examinado em condições precisas, com o objetivo de detetar factores desconhecidos, propriedades, relações, processos, fenómenos, objectos, leis e afins. A experiência é um método científico que liga os conhecimentos teóricos aos conhecimentos práticos. O método experimental é frequentemente utilizado em combinação com outros métodos científicos, como a experiência observacional. Os princípios básicos do método experimental são: o experimentador, o objeto da experiência, os meios, os instrumentos, os procedimentos, os processos, as operações, a definição, o tratamento e o teste das hipóteses, os resultados obtidos, a explicação, a análise e a apresentação dos resultados, a definição de novos objectivos superiores, as hipóteses, uma nova experiência, novos resultados, etc.

As investigações de anomalias e distribuições no ambiente devem basear-se numa experiência bem colocada. O modelo de observação fornece geralmente o rastreio geral da situação no ambiente. É assim que se define o quadro para o estabelecimento de hipóteses teóricas. Estas hipóteses referem-se, na maioria das vezes, aos chamados microambientes, nos quais se regista a ocorrência anormal, a distribuição natural distorcida de uma determinada variável ou o conteúdo de certos componentes essenciais (Dudoit et al. 2003). A observação, para ser científica, deve ser mais objetiva, consciente, completa, precisa, rigorosa, organizada, sistemática, persistente, etc.

A monitorização é sempre uma metodologia mais barata e mais eficiente quando se trata de monitorizar um determinado fenómeno no ambiente. Por outro lado, a monitorização permite que a investigação seja limitada no tempo. Por outro lado, esta abordagem de observação permite a deteção de fenómenos que podem não estar previstos na hipótese no início da investigação. Além disso, a monitorização é uma experiência in vivo que deve refletir as interações reais entre as variáveis que são objeto de monitorização. Incluem-se também os factores ambientais que conduzem direta e indiretamente a alterações nos processos observados. Desta forma, o investigador pode efetuar uma análise de dependência multifatorial, bem como determinar o grau de influência de cada fator individual.

5.3. Análise química

A investigação ambiental, especialmente a investigação sobre os processos de degradação ambiental e as suas consequências, envolve a caraterização química de um grande número de componentes químicos de natureza orgânica e inorgânica. Podem incluir a determinação qualitativa e quantitativa. Atualmente, o rápido desenvolvimento tecnológico tem garantido a produção de instrumentos automáticos qualitativos e quantitativos rápidos, modernizados e eficazes, que permitem a rápida qualificação e quantificação da composição química de qualquer meio ambiental.

A espetrometria de massa (MS) é um método utilizado para a análise química qualitativa e quantitativa. Uma caraterística importante da espetrometria de massa é a sua elevada sensibilidade. O espetrómetro de massa é um instrumento no qual a amostra examinada é ionizada, os iões gerados são separados sob a ação de um campo magnético e são registados de acordo com os valores das massas (Brack et al., 2019). Mais precisamente, o espetrómetro de massa determina a relação entre a massa e a carga do ião (m/e), mas a maioria dos iões tem apenas uma única carga (e=1), pelo que o termo "massa" é frequentemente utilizado, e significa essencialmente a relação m/e. Os primeiros instrumentos construídos chamavam-se espectrógrafos de massa porque o registo dos iões era feito numa placa fotográfica. Mais tarde, o sistema elétrico de deteção de iões foi aperfeiçoado e o nome foi alterado para espetrómetro de massa. Existe uma diferença no registo entre os dois dispositivos: no espetrógrafo todos os iões são registados de uma só vez, e no espetrómetro um por um tipo de iões, o que é conseguido através da mudança contínua do campo magnético. Na primeira metade do século passado, a espetrometria de massa desenvolveu-se muito mais lentamente, devido à imperfeição do instrumento e ao seu elevado custo. A espetrometria de massa registou um rápido crescimento no período de 1995-2005. Foi desenvolvida uma nova fonte de ionização à pressão atmosférica, os analisadores existentes eram adequados, pelo que foi desenvolvido um instrumento híbrido com uma combinação de analisadores. O analisador baseado no novo conceito foi posteriormente utilizado para desenvolver novas aplicações.

O primeiro passo na análise de uma amostra por espetrometria de massa é criar uma fase gasosa de iões a partir da amostra para análise, por exemplo, por ionização eletrónica:

$$M + e- \rightarrow M^{+} + 2e^{-}$$

Este ião molecular M "+ é ainda sujeito a fragmentação adicional. Tratando-se de um radical catião com um número ímpar de electrões, é possível fragmentá-lo para obter um radical (K) e um ião com um número positivo de electrões (EE^{+}), ou uma molécula (N) e um novo radical catião com número ímpar de electrões (OE^+):

$$M^{+} \rightarrow EE^{+} + R$$

$$M^{+} \rightarrow OE^{+} + N$$

Ambos os tipos de iões têm propriedades químicas diferentes. Todos estes iões são separados no espetrómetro de massa de acordo com a sua relação massa/carga e são detectados de acordo com a sua concentração (número). Desta forma, é criado e construído o espetro de massa da molécula. O espetro de massa é construído como um gráfico da concentração de iões versus a razão massa/carga (m/z). A maioria dos iões positivos tem uma carga que corresponde à emissão de apenas um eletrão. Quando se analisam moléculas maiores, podem obter-se vários iões com cargas diferentes. Os iões são separados e detectados de acordo com a relação m/z. A carga total dos iões será representada pelo parâmetro q, a carga do eletrão e e o número de iões z como:

$$q = ze, \text{ em que } e = 1{,}6^{*}\ 10^{-19}\ C$$

Na representação gráfica do espetro de massa, a razão massa/carga, normalmente designada por m/z, é representada no eixo x. Quando m é dado como massa relativa e z como carga, e ambas as quantidades têm valores adimensionais, m / z é utilizado para determinar uma quantidade adimensional. Em geral, na espetrometria de massa, a carga é determinada multiplicando a carga elementar ou a carga de um eletrão pelo seu valor absoluto ($1{,}6*10^{-19}$ C). A massa é determinada pela unidade atómica de massa ($1u = 1{,}660540*10^{-27}$ kg). Como já foi referido, a grandeza física medida na espetrometria de massa é a razão massa/carga. Quando a massa é expressa em unidades de massa atómica (u) e a carga é expressa em unidades básicas de carga (e), a razão massa/carga obtém uma unidade de medida u/e. Para simplificar, foi proposta uma nova unidade Thomson, com o símbolo Th. A definição desta unidade de medida é a seguinte

$$1 \text{ Th} = 1 \text{ u/e} = 1{,}036426 \cdot 10^{-8} \text{ kg C}^{-1}$$

Ambas as unidades de massa atómica u ou Da têm uma definição precisa e fundamental:

$$1 \text{ u} = 1 \text{ Da} = 1.660\,554 \cdot 10^{-27} \text{ kg} \pm 0{,}59 \text{ ppm}$$

Dependendo do objetivo principal da investigação, são utilizadas as unidades adequadas, ou seja, quando estamos perante massas isotópicas médias, como é normalmente o caso nos cálculos estequiométricos, Da é mais adequado. Já na espetrometria de massa, quando as massas se referem aos isótopos básicos dos elementos, a massa é expressa em unidades de massa u.

Existem diferentes formas de definir e, consequentemente, de calcular a massa de um átomo, molécula ou ião. Nos cálculos estequiométricos, é normalmente utilizada a massa média, calculada a partir da massa atómica obtida como a média das massas atómicas dos diferentes isótopos de cada elemento da molécula. Na espetrometria de massa, a massa nominal ou massa monoisotópica é a mais utilizada. A massa nominal é calculada utilizando a massa do isótopo dominante de cada elemento, arredondada para o valor inteiro mais próximo do número de massa, também conhecido como "número de nucleões". Mas as massas reais dos isótopos não são números inteiros exactos. Elas variam pouco em relação aos valores somáveis dos seus constituintes, tais como protões, neutrões e electrões. Estas diferenças, chamadas "defeitos de massa", são equivalentes à energia de ligação que mantém estas partículas unidas.

Por conseguinte, cada isótopo tem uma massa de defeito única e caraterística. As massas mono-isotópicas, que estão incluídas nos cálculos destes defeitos de massa, são calculadas utilizando a massa exacta do isótopo mais comum para cada elemento constituinte de uma molécula. A diferença entre a massa média, a massa nominal e a massa mono-isotópica pode ser de várias unidades Da, dependendo do número de átomos e da sua composição isotópica. Os espectrómetros de massa devem funcionar sob alto vácuo (baixa pressão atmosférica). Isto é necessário para permitir que os iões cheguem ao detetor sem colidir com moléculas de outros gases (Krauss et al. 2010).

O desenvolvimento da espetrometria de massa tem sido orientado de acordo com as exigências da indústria, da ciência e dos laboratórios de rotina para a obtenção de uma maior sensibilidade e multifacetação na manutenção do nível de traços e ultratraços. A tendência de desenvolvimento desta técnica para análise quantitativa e qualitativa teve também como objetivo a minimização da amostra para análise com melhoria da sensibilidade e diminuição do limite de deteção e quantificação. Estas caraterísticas foram acompanhadas pela necessidade de aumentar a velocidade de análise. A minimização da amostra para análise implicava também a redução do volume de resíduos, a fim de desenvolver uma abordagem de "química verde". O desenvolvimento de novas técnicas de aplicação da espetrometria de massa como técnica quantitativa tinha igualmente por objetivo comprovar a exatidão e a precisão dos dados analíticos.

5.4. Geração de hipóteses - percurso de investigação exato

Na teoria, destacam-se diferentes tipos de hipóteses: hipótese ad hoc (hipótese preliminar), hipótese de trabalho, hipótese auxiliar, hipótese científica. A definição de hipóteses tem grande importância no trabalho de investigação científica. A definição de hipóteses mostra até que ponto dominamos o material que estamos a investigar e é uma orientação segura para o nosso trabalho futuro. A formulação da hipótese de trabalho é uma suposição para a qual dispomos de certos dados úteis numa determinada fase da nossa investigação. A hipótese auxiliar serve a hipótese de base ou de trabalho e, como tal, ajuda a hipótese de trabalho a ser mais facilmente verificada. No entanto, a principal importância da hipótese reside no seu papel orientador da investigação. Pode impor-nos novos factos e informações, colocar-nos em posição de a verificar, provar ou descartar certas partes insignificantes ou completá-la com novos conhecimentos, impor-nos a necessidade de mais investigação que pode ser contrária à nossa hipótese ou, em último caso, alterar a hipótese original e formular uma nova hipótese.

O processo de investigação e de recolha de informações pode decorrer durante um período de tempo mais curto ou mais longo. No processo de tratamento da informação, o investigador depara-se com a aplicação de vários métodos de investigação científica e, ao fazê-lo, aplica técnicas adequadas de tratamento de dados. O processo de tratamento do tema é seguido pela recolha, seleção, tratamento, aceitação e colocação da informação no tema.

A hipótese é teoricamente uma resposta bem fundamentada e empiricamente verificável à questão com a qual o problema se expressa. O quadro hipotético da investigação, através do sistema de hipóteses (gerais, específicas e individuais), as suas variáveis e a relação entre elas e os indicadores importantes, comunicam os pressupostos básicos sobre o tema da investigação e proporcionam uma compreensão completa da essência do projeto de investigação. A fim de ultrapassar as dificuldades de formulação de hipóteses, é formulado um conjunto de regras ou normas para a definição de hipóteses adequadas. Estas regras são as seguintes:

- A hipótese deve ser um pressuposto lógico e científico-teórico estabelecido com uma resposta de valor cognitivo a uma questão significativa;
- A hipótese deve ser adequada ao objeto de investigação;
- A hipótese deve ser suficientemente específica ou determinada;
- A hipótese deve ser suficientemente geral;
- A hipótese deve ser clara e linguisticamente clara e formulada com a maior exatidão possível;
- A hipótese empírica deve ter certas referências empíricas, ou seja, deve basear-se em alguns dados e factos empíricos;
- A hipótese deve ser teórica e, nas ciências empíricas, praticamente verificável;
- A hipótese deve basear-se na teoria científica do domínio de ocorrência a que a hipótese se refere.

As hipóteses devem ser adequadas e simétricas na determinação operacional do objeto de investigação, o que significa que devem ser desenvolvidas ao nível geral do qual se desenvolveu a determinação operacional do objeto de investigação. Todos estes conceitos devem ser explicados na determinação operacional do objeto de investigação. As hipóteses especiais referem-se a condições especiais ou a factores estruturais do objeto de investigação que são identificados na determinação operacional do objeto de investigação. As hipóteses individuais referem-se a termos ou subtermos individuais de certos factores estruturais do objeto de investigação que estão listados na designação operacional do objeto de investigação.

As variáveis são factores necessários e constitutivos de qualquer hipótese. "As variáveis são derivadas ou retiradas da determinação operacional do objeto de investigação." Uma caraterística básica de cada variável é a capacidade de substituir o seu significado. Por conseguinte, todas as caraterísticas de um fenómeno são variáveis, onde se observam diferenças qualitativas ou quantitativas. Em qualquer investigação, existem dois tipos de variáveis:

- variáveis independentes e
- variáveis dependentes.

As variáveis independentes são a base para interpretar, explicar ou descrever as variáveis dependentes. "As variáveis independentes são as variáveis que exercem alguma influência, são as causas de um fenómeno, e as variáveis dependentes são as que são influenciadas, ou que são as consequências dessas influências. Portanto, o que é definido na variável dependente depende das variáveis independentes. As variáveis independentes têm um impacto constante e permanente, mas as variáveis dependentes mudam em função desse impacto. Cada variável independente contém indicadores causadores de processos. Assim, o indicador está contido nas variáveis e afecta o processo, a ocorrência."

A variável ocorre como consequência de certas razões e como causa de certas consequências. Por conseguinte, a res earcher não pode fixar arbitrariamente as variáveis, mas deve derivá-las da determinação operacional do objeto de investigação, que inicia a derivação das hipóteses. De acordo com o conteúdo, existem: variáveis qualitativas e variáveis quantitativas. As variáveis qualitativas exprimem propriedades variáveis, formas, relações, fenómenos ou factores do fenómeno em estudo. As variáveis quantitativas referem-se às dimensões, quantidade, frequência e outras disposições ou caraterísticas quantitativas da ocorrência ou dos factores de ocorrência sob investigação.

A operacionalização do objeto de investigação implica que, para cada hipótese, sejam definidos indicadores, ou seja, tipos de dados que a investigação pode obter e que são de tal qualidade que podem confirmar ou negar a hipótese.

Na teoria da literatura metodológica, a perspetiva da concetualização da investigação como uma ideia geral, um plano geral da investigação futura é generalizada. No contexto da concetualização estão todas as fases da investigação - desde a seleção do tópico até à reconceptualização. Por conseguinte, tanto o projeto de investigação como o trabalho de projeto fazem parte da concetualização, ou seja, da reconceptualização. O modo de preparação do projeto de investigação científica e o seu papel na investigação, bem como as suas outras caraterísticas, exigem uma explicação da relação entre concetualização - reconceptualização e projeto de investigação.

Conceptualmente, a concetualização significa a construção, a elaboração, o desenvolvimento das ideias científicas mais gerais para uma suposta e possível investigação. Esta ideia mais geral começa com uma ideia geral de relações observadas, um problema registado de um ponto de vista científico e prático, ou seja, um problema científico-teórico ou empírico. Com base na ideia formulada, segue-se uma definição preliminar do problema de investigação, que conduz a uma informação mais próxima e mais completa sobre o mesmo. O conhecimento científico e empírico existente que adquirimos sugere a possibilidade de investigar o problema definido. Assim, forma-se o conceito de investigação que é expresso em termos gerais. No entanto, a investigação científica válida, regra geral, não pode ser efectuada com base nas disposições gerais do conceito, mas requer uma análise científica mais profunda e detalhada.

A principal função do planeamento da investigação é sincronizar todas as actividades, participantes e recursos num determinado espaço e tempo. Por conseguinte, pode dizer-se que os planos de investigação são determinados, determinados, definições temporais e espaciais do objeto de investigação, método de investigação e determinados no projeto de ideias científicas, bem como a situação real e os recursos disponíveis e pessoal e outras condições. O resultado do processo de planeamento é um plano de investigação operacional. A tarefa deste plano é responder às seguintes questões: quem, o quê, quando, onde, como e com que consequências. O plano de investigação operacional pode ser discutido num sentido mais restrito e mais amplo. Num sentido mais lato, o plano de investigação operacional inclui:

- modo de investigação das ideias propostas e, em alguns casos, durante a investigação do fenómeno factual - momentâneo e a definição temporal e espacial do objeto de investigação;
- plano de tempo, pessoal e recursos e
- instrumento de recolha e tratamento de dados.

Os entendimentos mais amplos revelados, se parecerem demasiado amplos, incluem o que se poderia designar por "plano científico", que inclui certas soluções científico-teóricas e científico-instrumentais contidas no projeto de ideias e de instrumentalização científicas.

5.5. Incertezas

Um elemento importante do controlo da qualidade ambiental é o reconhecimento da deslocação de medidas que provavelmente não reflectem a variabilidade natural, mas assinalam uma causa estrutural que exige uma investigação mais aprofundada. As causas sistémicas ou específicas são o resultado de fontes externas (geralmente antropogénicas), que precisam de ser descobertas porque são parte integrante do processo e não podem ser evitadas. A ocorrência destas causas é bastante imprevisível, acidental e não sistemática e é necessário tomar medidas corretivas para as eliminar do processo. A variação total do processo/alteração é igual à soma das causas de variação específicas (sistemáticas) e aleatórias (não sistemáticas). Graças a várias técnicas de controlo, existem muitas formas de efetuar o controlo estatístico das alterações e anomalias.

5.6. Modelos estatísticos

As estatísticas do ambiente descrevem os aspectos qualitativos e quantitativos do estado e das alterações do ambiente e a sua interação com as actividades humanas e os acontecimentos naturais. Estes métodos matemáticos são integradores, medem as actividades humanas e os acontecimentos naturais que afectam o ambiente, monitorizam os impactos no ambiente e as respostas sociais aos impactos ambientais.

As estatísticas do ambiente são um domínio da estatística e são indispensáveis para a elaboração de políticas e a tomada de decisões baseadas em dados concretos, a fim de apoiar o desenvolvimento sustentável. Os seres humanos utilizam os recursos ambientais para a produção e o consumo e devolvem os resíduos e detritos ao ambiente. Em resultado das actividades humanas, as condições ambientais, os processos naturais e a capacidade dos ecossistemas para fornecerem os seus bens e serviços sofrem alterações. Estas alterações, por sua vez, dão origem a mudanças nos processos económicos e sociais do subsistema humano. O objetivo imediato das estatísticas do ambiente é fornecer informação quantitativa sobre o estado do ambiente e as suas alterações mais importantes ao longo do tempo e entre territórios. Em termos operacionais, o objetivo e a finalidade última das estatísticas ambientais podem ser alcançados através da criação, do reforço e da manutenção de programas e unidades de estatísticas ambientais que funcionem regularmente em cada país, à semelhança dos que já funcionam no domínio das estatísticas económicas e sociais. As estatísticas do ambiente são um domínio estatístico transversal com complexidades específicas. A procura de estatísticas sobre o ambiente está a aumentar rapidamente em todo o lado. A produção de estatísticas sobre o ambiente exige uma combinação de conhecimentos técnicos especializados sobre temas ambientais, capacidades técnicas estatísticas e capacidades de coordenação institucional. Por definição, as estatísticas do ambiente são multidisciplinares e transversais, envolvendo numerosas partes interessadas.

As fontes das estatísticas do ambiente estão dispersas e são aplicados vários métodos na sua compilação. São recolhidas através de recenseamentos, inquéritos, utilização de registos administrativos, mas também de tipos específicos de fontes, tais como: estações de monitorização, teledeteção e investigação científica. A forma de recolher dados a partir de tipos específicos de fontes difere consideravelmente das técnicas de inquérito utilizadas nas estatísticas sociais e económicas. Do ambiente à produção de dados biofísicos que descrevem os recursos naturais e a qualidade ambiental

5.7. Qualidade da previsão e validação do modelo

As caraterísticas interdisciplinares e interinstitucionais das estatísticas do ambiente e a variedade de produtores e utilizadores de dados exigem a colaboração entre instituições, profissionais e peritos em diferentes domínios. Para transformar efetivamente a informação ambiental em estatísticas ambientais oficiais, é necessária a colaboração e a coordenação de um número significativo de intervenientes e instituições. São necessárias instituições com uma liderança forte e com as competências e os recursos necessários para facilitar os processos com múltiplos intervenientes. Assim, o reforço institucional e a colaboração e coordenação interinstitucionais são inerentes à produção, ao tratamento e à divulgação de dados estatísticos sobre o ambiente.

Os fenómenos ambientais ocorrem de forma dispersa, constantemente ao longo do tempo e através dos territórios, como um conjunto fluido de processos, cada um com diferentes velocidades. Nas fontes primárias, a medição e a monitorização exigem uma seleção cuidadosa. A transformação dos dados brutos das fontes primárias em estatísticas requer conhecimentos especializados e capacidades institucionais. Os países em desenvolvimento enfrentam limitações orçamentais e os fundos afectados às estatísticas estão sujeitos a restrições. Em geral, as questões ambientais têm menos prioridade do que as estatísticas sociais e económicas. O custo dos sistemas de monitorização e de teledeteção tem vindo a diminuir ao longo do tempo, mas parte da produção primária de dados em bruto (em agências de monitorização e teledeteção) exige o investimento, a calibração e a utilização de instrumentos algo dispendiosos, para não falar do trabalho de interpretação dos dados (como as imagens de satélite). Isto significa que o país tem de investir no desenvolvimento destas capacidades de monitorização, e também que os cientistas e peritos altamente especializados têm de ser contratados de forma estável. A deteção remota, em particular, também requer a validação dos dados das imagens com observação direta no terreno, aumentando assim o custo da produção de estatísticas ambientais por este método, em relação ao custo das estatísticas derivadas de questionários, por exemplo. Dar prioridade às estatísticas ambientais mais relevantes, críticas ou estratégicas e trabalhar progressivamente na sua expansão.

5.8. Modelos estatísticos básicos: desafios e implementações atípicas

As estatísticas do ambiente são também designadas por estatísticas ambientais de base. Normalmente, são conjuntos volumosos de estatísticas que descrevem o estado e as tendências do ambiente e das suas principais componentes. Incluem o subsistema humano na sua inter-relação com os ecossistemas como um todo. Transformar dados brutos em estatísticas oficiais requer um processo cuidadosamente adaptado de definição dos tipos de magnitudes (i.e. agregados, médias, mínimos, máximos, etc.) e seus atributos (tempo, localização, cobertura, etc.) a serem captados por variáveis cuidadosamente selecionadas, que são depois recolhidas, validadas, estruturadas e descritas usando padrões e procedimentos estatísticos (mais adiante). Normalmente, as séries estatísticas sobre o ambiente são produzidas para países, regiões e para o mundo, e divulgadas através de compêndios e bases de dados. Devido ao seu volume, o público em geral e os decisores requerem frequentemente um processamento adicional dos modelos de estatísticas ambientais.

Os indicadores ambientais são um tipo particular de estatísticas, que requerem uma seleção cuidadosa de estatísticas individuais para calcular uma medida composta ou mais complexa que descreva elementos-chave dos processos relativos ao ambiente. Os conjuntos de indicadores são normalmente produzidos para monitorizar os objectivos e metas das políticas nacionais (e internacionais) e para permitir a supervisão contínua dos progressos no sentido dos objectivos pretendidos. Os indicadores ambientais são amplamente produzidos como um produto autónomo, mas por vezes os indicadores ambientais fazem parte de conjuntos de indicadores de desenvolvimento sustentável, juntamente com indicadores económicos e sociais. Os indicadores são medidas poderosas que são normalmente divulgadas com um contexto e uma explicação que os acompanham. Frequentemente, os indicadores ambientais são divulgados através de relatórios, brochuras e sítios Web e são amplamente utilizados em avaliações e relatórios sobre o estado e as tendências do ambiente.

5.9. Correlações e modelos de similaridade: desafios e implementações atípicas

A correlação é a interdependência, a dependência mútua, ou seja, a ligação e a dependência mútuas. A relação entre dois fenómenos económicos que se encontram na dependência causal e no condicionamento. A correlação pode ser paralela, ou seja, positiva e vice-versa, negativa. A correlação é positiva quando o crescimento de um fenómeno provoca o crescimento do outro (por exemplo, o crescimento da procura provoca o crescimento do preço), ou a redução de um fenómeno provoca a redução do outro. A correlação é negativa quando o crescimento de um fenómeno é seguido pela queda do outro (por exemplo, a relação entre as variações do preço e da procura), ou, inversamente, a redução de um fenómeno é seguida pelo crescimento do outro. A intensidade da correlação é medida pelo coeficiente de correlação. A noção de correlação coincide, em muitos aspectos, com a noção de função.

A análise bivariada é utilizada para efetuar uma análise comparativa das dependências entre variáveis (conjunto de valores para uma variável). Os gráficos de dispersão bidimensionais são utilizados para apresentar as correlações e identificá-las visualmente.

A análise multivariada é aplicada para extrair associações dominantes de variáveis (Sajn, 2006). Como medida de semelhança entre as variáveis, foi aplicado o coeficiente de correlação produto-momento (*r*). Foram propostas várias estratégias de rotação (Zibret e Sajn 2010; Sajn, 2006).

O objetivo dos modelos de processamento de dados estatísticos aplicados é obter o modelo mais realista do sistema de distribuição de variáveis multidimensionais. As variáveis, ou seja, o conjunto de dados relativos ao conteúdo de um determinado elemento, para as quais a análise fatorial aplicada depositará valores baixos, serão excluídas da análise posterior.

5.10. Ocorrência anómala e atípica

Os instrumentos de laboratório mais recentes, ou seja, o seu software, escrevem normalmente os dados em ficheiros binários, de acordo com as chamadas boas práticas de laboratório. Os dados escritos desta forma podem ser mais difíceis de manipular, o que é especialmente importante quando as análises têm potenciais consequências legais. No entanto, se deixarmos de lado essas manipulações ilegítimas, os utilizadores têm ocasionalmente alguns requisitos que o software de um determinado instrumento não previu ou não permitiu. Muitas vezes, a apresentação gráfica dos dados experimentais não é a requerida pelo utilizador. Por vezes, é também necessário efetuar uma análise mais pormenorizada ou uma decomposição dos picos (deconvolução). Existem vários pacotes e ferramentas estatísticas que permitem o processamento de dados brutos obtidos a partir de instrumentos analíticos.

Na maioria dos casos, os dados obtidos a partir das medições instrumentais, para além do sinal medido, contêm também certos ruídos devidos a determinadas influências no instrumento de medição. Uma das possibilidades é "filtrar" os dados obtidos com ferramentas de programação contidas no software do instrumento analítico. Foram desenvolvidos vários métodos de filtragem de ruído sem alterar ou alterar o sinal subjacente ou as caraterísticas do sinal. Na maioria das vezes, estes métodos de filtragem de dados baseiam-se num modelo estatístico para determinar a chamada média dinâmica. Outro modelo útil é o método de

Savitzky-Golay. Este modelo baseia-se no princípio da inserção de uma média dinâmica num arranjo polinomial. Basicamente, estes modelos representam a normalização da quota de pontos de medição (variáveis portadoras), em que é dado mais peso aos dados centrais e menos aos periféricos.

As investigações ambientais lidam com numerosos dados. Para um grande número de variáveis com elevada variância na distribuição e elevado desvio-padrão (que é frequentemente o caso da distribuição das variáveis ambientais), há um problema em tratar todos os resultados simultaneamente. Nesses casos, as variáveis com maior variância terão o maior impacto no resultado do procedimento aplicado (o método estatístico adequado).

A transformação e/ou normalização dos dados é utilizada como uma possível solução para o problema. Normalmente, em distribuições assimétricas, os resultados são primeiro transformados utilizando uma transformação logarítmica que ajuda a facilitar a homogeneidade da variância. Este procedimento irá enfatizar a influência das variáveis com variância elevada. Se este não for o efeito desejado dos dados transformados, é efectuada a normalização.

Transformar dados significa efetuar as mesmas operações matemáticas em cada componente dos dados originais. Se os dados originais forem multiplicados ou divididos por um coeficiente específico, ou se forem repetidamente subtraídos ou adicionados, então estamos a falar de transformações lineares. Mas estas transformações lineares não alteram a forma dos dados (ou seja, a sua distribuição) e, por conseguinte, não ajudam a normalizar a distribuição dos dados.

É normalmente caraterístico de dados sobre certas variáveis ambientais cujas distribuições são log-normais ou positivamente curvas. Por isso, é necessário, antes de proceder ao seu tratamento, passar primeiro por uma transformação, ou seja, normalizar as suas distribuições. A transformação logarítmica é amplamente aplicada para normalizar distribuições de dados positivamente curvadas. O objetivo da aplicação de uma determinada transformação de dados é reduzir efetivamente a diferença entre valores extremos. O método de transformação BoxCox também foi utilizado para normalizar os dados (Box e Cox 1964).

A análise de regressão é um exemplo típico de uma ferramenta estatística que pode ser amplamente aplicada na resolução de distribuições heterogéneas e multiparamétricas. Para a determinação dos parâmetros de correlação, para a definição do modelo adequado, o método de análise de regressão pode ser utilizado com sucesso. Deve ter-se em conta que a análise de regressão pode ser expressa com outras dependências, não apenas com dependências lineares, mas também com dependências paramétricas múltiplas. A análise fatorial é uma técnica de interdependência porque procura um grupo de variáveis que são semelhantes no sentido em que "andam juntas" e, portanto, têm uma grande interdependência. Quando uma variável tem um valor elevado, então as outras variáveis do grupo têm um valor elevado. Para a aplicação eficaz da análise fatorial, bem como de outras técnicas de interdependência multivariada, é necessário que haja um mínimo de redundância das variáveis, ou seja, que as variáveis se sobreponham pelo menos ligeiramente no seu significado. Graças a esta redundância, é possível descobrir um padrão no comportamento das variáveis, ou seja, a ideia de base (fator) pela qual estão imbuídas (Zibret e Sajn 2010).

A análise de clusters é uma técnica estatística utilizada para identificar como diferentes entidades - variáveis - podem ser agrupadas em função das suas caraterísticas. Também conhecida como clustering, é uma ferramenta de análise preliminar de dados que visa ordenar diferentes objectos num grupo de forma a que aqueles que pertencem ao mesmo grupo tenham o maior grau de associação. Os dendrogramas ou clusters mais comummente processados são expressos pela distância, Dlink/Dmax (%).

A análise vetorial caraterística (PCA) é metodologicamente muito semelhante à análise fatorial, na medida em que utiliza o coeficiente de correlação (r) para isolar novos componentes que não apresentam dependência entre si. Muitas vezes, a representação da dependência é dada graficamente num sistema bidimensional pelos dois componentes (vectores) mais significativos. A análise de componentes fornece, para além dos cálculos gráficos e tabulares, uma explicação fácil das representações gráficas. Este módulo é classificado por uma matriz diagonal, simétrica, de correlação ou de covariância.

6. XENOBIÓTICOS NO SOLO

O aumento da população, a industrialização e a urbanização são responsáveis pela contaminação ambiental. A descontaminação ambiental é um enigma. Todas as substâncias têm origem no ambiente, seja por fontes biogénicas ou antropogénicas. Os compostos antropogénicos descrevem compostos sintéticos e classes de compostos, bem como elementos e entidades químicas naturais que são mobilizados pelas actividades humanas. Uma substância estranha ao sistema biológico é conhecida como composto xenobiótico (Varsha et al. 2011). A maior parte dos compostos xenobióticos são degradados por microrganismos e podem ser definidos como xenobióticos fracos, no entanto, alguns deles podem persistir mais tempo no ambiente e não são facilmente degradados, sendo conhecidos como compostos recalcitrantes (Thakur, 2008). Um xenobiótico é uma substância química que se encontra num organismo, mas que não é normalmente produzida ou que não se espera que esteja presente no mesmo. Pode também abranger substâncias que estão presentes em concentrações muito mais elevadas do que as habituais. O termo xenobiótico é também utilizado para designar os órgãos transplantados de uma espécie para outra.

A palavra xenobiótico é uma combinação de duas raízes diferentes, "xeno" e "biótico". Xeno vem do grego e significa estranho, não natural ou diferente. Biótico é uma palavra que implica vida. Xenobiótico, portanto, refere-se a um composto orgânico que imita bioquímicos naturais que são essenciais para a vida, mas que têm caraterísticas que são estranhas e não naturais (Thakur, 2006, 2008).

Os xenobióticos são frequentemente tóxicos para a vida. Além disso, podem não ser reconhecidos pelos processos bioquímicos das plantas e dos microrganismos e, por conseguinte, são resistentes à degradação no ambiente. Os xenobióticos incluem muitos compostos que estão envolvidos em actividades industriais e agrícolas. O destino dos solventes industriais e de outros produtos químicos industriais no ambiente do solo é um domínio importante da bioquímica do solo (Alexander, 2000; Bohn et al. 2011). É desesperadamente necessária investigação para determinar as reacções bioquímicas no solo que transformam estes compostos xenobióticos nos seus componentes minerais.

O destino dos xenobióticos no solo inclui a completa mineralização ou estabilização do composto de origem, ou de algum metabolito do composto, no solo. Se os xenobióticos forem tóxicos e a taxa de degradação for muito lenta, são possíveis efeitos adversos na saúde humana e ecológica. Por conseguinte, é desejável manter as concentrações de xenobióticos no solo a um nível tão baixo quanto possível. Devido a estas preocupações, tem sido feito um esforço de investigação considerável para tentar compreender as vias de degradação metabólica dos xenobióticos no solo (Bolag et al. 1992).

6.1. Efeitos dos xenobióticos na degradação dos solos e riscos agro-ecológicos

As substâncias xenobióticas estão a tornar-se um problema cada vez maior nos sistemas de tratamento de águas residuais, uma vez que são substâncias relativamente novas e muito difíceis de remover do ambiente. Estas substâncias são libertadas no ambiente em quantidades que não são naturais devido à atividade humana. As substâncias são compostas apenas por uma centena de tipos fundamentais de matéria, designados por elementos. Os elementos podem ser motivo de preocupação ambiental. Os metais pesados são substâncias tóxicas bem conhecidas no ambiente. As formas elementares de elementos essenciais podem ser muito tóxicas ou causar danos ambientais (Thakur, 2006). Os compostos podem ser compostos inorgânicos ou orgânicos. Os compostos inorgânicos e orgânicos podem ser divididos consoante a presença de elementos ou grupos. Os poluentes inorgânicos e orgânicos antropogénicos estão dispersos na atmosfera, na hidrosfera e na litosfera e têm tendência a transformar-se noutros compostos que podem ser tóxicos, menos tóxicos e não tóxicos para a flora e a fauna (Thakur, 2006; 2008).

De acordo com Kaur e Parihar (2014), as fontes de xenobióticos incluem: práticas agrícolas, consumo de cigarros, resíduos electrónicos, produção de energia resultante da queima de combustíveis e também fugas de óleos de transformadores de instalações eléctricas, indústria (têxtil, agro-química, tintas, etc.), extração de minerais preciosos, emissões naturais, produção e processamento de petróleo e gás, produtos farmacêuticos e efluentes hospitalares, materiais radioactivos, transportes e outros.

Thakur (2008) simplifica as fontes de xenobióticos, divididas em cinco categorias:

- indústrias químicas e farmacêuticas que produzem uma vasta gama de xenobióticos e polímeros sintéticos;
- branqueamento da pasta de papel e do papel (que são as principais fontes de compostos orgânicos clorados naturais e artificiais no ambiente);
- mineração (liberta metais pesados nos ciclos biogeoquímicos);
- combustíveis fósseis (que podem ser acidentalmente libertados em grandes quantidades no ecossistema);
- agricultura intensiva (liberta grandes quantidades de fertilizantes, pesticidas e herbicidas).

A classificação das principais fontes xenobióticas de contaminação, apresentada por Varsha et al. (2011), dá uma visão geral da introdução antropogénica básica no ambiente.

.1.1. Fontes diretas

A principal fonte direta de xenobióticos são as águas residuais e os resíduos sólidos libertados por indústrias como a química e a farmacêutica, os plásticos, as fábricas de papel e pasta de papel, as fábricas têxteis e a agricultura (produtos de melhoramento como pesticidas, herbicidas, etc.). Alguns dos compostos residuais mais comuns nas águas residuais e noutros efluentes são o fenol, os hidrocarbonetos, diferentes corantes, efluentes de tintas, pesticidas e insecticidas, etc.

Fenol e compostos de fenol - As fontes naturais de água dos efluentes de várias indústrias químicas e farmacêuticas, como refinarias de carvão, fabrico de fenol, produtos farmacêuticos, tinturaria, petroquímica, fábricas de pasta de papel, etc., incluem uma grande variedade de produtos químicos orgânicos como o fenol e vários fenóis substituídos.

Os plásticos são duráveis e degradam-se muito lentamente devido às ligações e interações moleculares. Os plásticos são feitos de poliestireno e cloreto de polivinilo, polietileno e seus derivados. Atualmente, os plásticos (provenientes do petróleo bruto) são utilizados como combustíveis nas indústrias, uma vez que se decompõem em hidrocarbonetos líquidos. Os tipos de bioplásticos incluem os plásticos à base de amido, os plásticos à base de celulose, os plásticos de ácido poliláctico e o polietileno de origem biológica.

Hidrocarbonetos - Os efluentes petrolíferos contêm principalmente hidrocarbonetos aromáticos policíclicos, hidrocarbonetos saturados e compostos de azoto-enxofre-oxigénio.

Tintas - Os compostos orgânicos voláteis e aditivos como emulsionantes e texturizantes presentes nas tintas são considerados nocivos e podem ser degradados por diferentes meios, como produtos químicos (água como solvente), tensões higroscópicas e fontes microbianas.

Corantes - A aglomeração de corantes é a principal causa da persistência de xenobióticos e a sua presença em corpos aquáticos afectará a atividade fotossintética da vida aquática devido à redução da penetração da luz, mesmo em baixas concentrações. Vários processos industriais, tais como a indústria têxtil, a impressão de papel e a fotografia, utilizam extensivamente corantes sintéticos, que normalmente têm estruturas moleculares aromáticas complexas. Os corantes azóicos, a antraquinona e a ftalocianina são corantes habitualmente utilizados nestas indústrias. A degradação destes corantes produz aminas aromáticas, que podem ser cancerígenas e mutagénicas.

Pesticidas e insecticidas - Um grande número de pesticidas e insecticidas como os compostos organofosforados, os benzimidazóis, o metilparatião e a orfolina são amplamente utilizados e contribuíram para a carga poluente devido à sua lenta degradação.

Efluentes de papel e pasta de papel - A libertação de efluentes das fábricas de papel também contribui para a poluição ambiental e não pode ser negligenciada. Muitos dos compostos orgânicos clorados sintetizados aleatoriamente durante o branqueamento da pasta de papel são a razão para este facto. A situação pode muitas vezes ser agravada se os efluentes das fábricas de pasta de papel forem lançados em águas com pouco oxigénio ou empobrecidas (anaeróbias). A crescente consciencialização do público e as leis mais restritivas contra processos poluentes têm forçado as indústrias de papel a minimizar a libertação de halogenetos orgânicos adsorvíveis e a procurar tecnologias para produções mais limpas.

.1.2. Fontes indirectas

As fontes indirectas de xenobióticos incluem os anti-inflamatórios não esteróides, os compostos farmacêuticos, os resíduos de pesticidas, etc. Os compostos farmaceuticamente activos, que constituem uma fonte indireta de xenobióticos, são descarregados diretamente pelos fabricantes de produtos farmacêuticos ou pelos efluentes dos hospitais, que exerceram o seu efeito biologicamente pretendido e são transferidos para o ambiente no seu estado completo ou fragmentado. Estes incluem principalmente hormonas, anestésicos e antibióticos que se bioacumulam num organismo e são transmitidos a outros através da cadeia alimentar comum (Varsha et al. 2011). Os biomateriais desenvolvidos a partir de polímeros sintéticos têm biocompatibilidade, mas a sua degradação em substâncias tóxicas no organismo é motivo de preocupação. Apesar de serem fontes indirectas, causam efeitos adversos no ciclo ecológico. A bioacumulação de pesticidas e os processos de biomagnificação conduzem a efeitos tóxicos comportamentais nos animais e no homem.

6.2. Química dos xenobióticos no solo

Os compostos xenobióticos são muitas vezes tóxicos para a vida e são também muitas vezes difíceis de metabolizar pelos microrganismos (porque contêm arranjos moleculares que não se encontram normalmente na natureza). Assim, muitos destes compostos podem acumular-se no ambiente e continuar a constituir um perigo durante muitos anos. Os micróbios (bactérias e fungos) que se encontram em águas e solos naturais têm uma capacidade muito ampla de utilizar (catabolizar) praticamente todos os compostos que ocorrem naturalmente como fontes de carbono e energia, reciclando assim o carbono orgânico fixado de volta em biomassa e dióxido de carbono inofensivos. Esta capacidade dos micróbios evoluiu ao longo de 3 mil milhões de anos da história do planeta e é responsável pelo equilíbrio entre a fotossíntese (por plantas e algas), fixando o dióxido de carbono em biomassa, e a respiração (por animais e bactérias), convertendo os compostos orgânicos novamente em dióxido de carbono por oxidação através de processos naturais de desintoxicação. Quando os compostos são persistentes no ambiente, a sua biodegradação processa-se frequentemente através de várias etapas, utilizando diferentes sistemas enzimáticos ou diferentes populações microbianas.

Vários métodos, como os métodos físico-químicos e biológicos, têm sido utilizados na degradação de xenobióticos. Os métodos físico-químicos são dispendiosos e produzem frequentemente produtos indesejáveis que são tóxicos, exigindo outras etapas de tratamento (Varsha et al. 2011). Existem três requisitos para a biodegradação, tais como organismos capazes, síntese de enzimas necessárias e condições ambientais adequadas.

Um grande número de géneros de bactérias e fungos possui a capacidade de degradar poluentes orgânicos. A biodegradação é definida como a redução da complexidade dos compostos químicos catalisada biologicamente. A "biodegradação" é a simplificação parcial ou a destruição completa da estrutura molecular dos poluentes ambientais através de reacções fisiológicas complexas, geneticamente reguladas, catalisadas em grande parte por microrganismos (Alexander, 1999; Madsen, 1991, 1998a); e plantas (Bhadra et al. 1999). Baseia-se em dois processos: crescimento e cometabolismo. No caso do crescimento, os poluentes orgânicos são utilizados como única fonte de carbono e energia. Este processo resulta numa degradação completa (mineralização) dos poluentes orgânicos. O cometabolismo é definido como o metabolismo de um composto orgânico na presença de um substrato de crescimento, que é utilizado como fonte primária de carbono e energia. Muitas destas reacções são previsíveis com base em leis estabelecidas da termodinâmica aplicadas em condições geoquímicas ambientais (temperatura, pressão e potencial de oxidação-redução) que prevalecem nos habitats terrestres e aquáticos (Madsen, 1998a). A biodegradação de compostos xenobióticos depende essencialmente de muitas das enzimas utilizadas nas vias de degradação de substratos invulgares catalisarem reacções novas. O ataque intracelular inicial dos poluentes orgânicos é um processo oxidativo, sendo a ativação e a incorporação de oxigénio a reação-chave enzimática catalisada pelas oxigenases e peroxidases. Depois destas vias de degradação periféricas, os poluentes orgânicos são convertidos passo a passo em intermediários do metabolismo intermediário central, por exemplo, o ciclo do ácido tricarboxílico, seguido da biossíntese da biomassa celular a partir dos metabolitos precursores centrais, por exemplo, acetil-CoA, succinato, piruvato.

A biodegradação microbiana é medida por rotina através da aplicação de ensaios químicos e fisiológicos a incubações laboratoriais de frascos contendo culturas puras de microrganismos, culturas mistas ou amostras ambientais (Madsen, 1998a). A biodegradação mediada por plantas e/ou a acumulação de contaminantes também é rotineiramente documentada em sistemas de testes laboratoriais em escala adequada (Bhadra et al. 1999; Van der Lelie et al. 2001; Tang et al. 2015; Su et al. 2015).

7. BIODISPONIBILIDADE DE XENOBIÓTICOS NO SOLO

O termo "biodisponibilidade" significa muitas coisas em muitos contextos. Esta secção compila definições de biodisponibilidade de nove fontes autorizadas recentes. As citações que aparecem abaixo são intencionalmente extensas para revelar tanto as muitas facetas do termo "biodisponibilidade" como os preconceitos das fontes.

Existem mais de 20 definições diferentes na literatura, incluindo as de biodisponibilidade absoluta, biodisponibilidade relativa, bioacessibilidade, fração biodisponível, etc. Este estudo analisará algumas delas. A biodisponibilidade foi definida como a proporção do nutriente que é digerido, absorvido e metabolizado através das vias normais. Outra definição (Alexander, 1999), retirada de um livro recente sobre biodegradação e bioremediação, faz a transição abrupta da nutrição humana para os produtos químicos poluentes nos solos e sedimentos. Os compostos poluentes quimicamente extraíveis são contrastados com os compostos poluentes biologicamente disponíveis, avaliados através de ensaios de biodegradação. Scow e Johnson (1997), a partir de uma revisão da literatura sobre ciências do solo, reiteram que vários processos actuam sobre os poluentes orgânicos e metálicos nos solos para reduzir a sua disponibilidade toxicológica e microbiológica. É estabelecida uma analogia entre a disponibilidade da matéria orgânica nativa do solo e os poluentes químicos (xenobióticos). O conceito de disponibilidade biológica foi atualizado a partir de uma conferência internacional recente sobre o comportamento ambiental dos compostos xenobióticos orgânicos, evocando a base histórica, toxicológica e físico-química para uma biodisponibilidade reduzida (Semple et al. 2003). A biodisponibilidade pode ser definida como a quantidade de contaminante presente que pode ser facilmente absorvida por microorganismos e degradada (Semple et al. 2004).

7.1. O papel da matéria orgânica no destino dos xenobióticos no solo

A matéria orgânica do solo é constituída por uma mistura de resíduos vegetais e animais em vários estágios de decomposição e de substâncias sintetizadas microbiana e/ou quimicamente a partir dos produtos de decomposição (Schnitzer, 1991; Diehl et al. 2014). A matéria orgânica do solo desempenha um papel significativo no funcionamento do solo no ambiente. A quantidade e a qualidade da matéria orgânica do solo regulam os processos de sorção, sequestro e biodegradação de xenobióticos no solo.

A matéria orgânica do solo pode ser subdividida em substâncias não húmicas e substâncias húmicas. As primeiras incluem substâncias com caraterísticas químicas ainda reconhecíveis. Trata-se, por exemplo, de hidratos de carbono, aminoácidos, proteínas, péptidos, ácidos gordos, resinas e outras substâncias orgânicas de baixo peso molecular, que geralmente podem ser facilmente degradadas no solo (Shchegolikhina e Marschner 2013). Os principais constituintes da matéria orgânica do solo são as substâncias húmicas, os produtos produzidos através da humificação de resíduos vegetais e outros materiais orgânicos. As substâncias húmicas têm uma grande heterogeneidade química e variabilidade geográfica, e o seu peso molecular varia entre algumas centenas e vários milhares de daltons. As substâncias húmicas permaneceram em grande parte não caracterizadas a nível molecular e ainda são definidas operacionalmente em termos dos métodos utilizados para as extrair ou isolar (Shchegolikhina et al. 2012). As substâncias húmicas não são moléculas isoladas, mas podem ser interpretadas pelo conceito de associações supramoleculares húmicas fracamente ligadas. Neste conceito, as substâncias húmicas são vistas como moléculas relativamente pequenas e heterogéneas de várias origens que se auto-organizam em conformações supramoleculares (Piccolo, 2001). Os domínios hidrofílicos e hidrofóbicos das moléculas húmicas podem interagir uns com os outros e formar associações de grande tamanho molecular, que são estabilizadas apenas por forças fracas, como interações hidrofóbicas dispersivas (Shchegolikhina et al. 2012). Estas forças determinam a estrutura conformacional das substâncias húmicas e as complexidades das múltiplas interações não covalentes. A redução da mobilidade molecular e da flexibilidade dos segmentos da cadeia pode ser causada pelo aumento do peso molecular das substâncias húmicas, do grau de insaturação (devido a ligações múltiplas, anéis aromáticos) e do grau de ramificação da cadeia. A introdução de ligações cruzadas covalentes entre as cadeias também leva à redução da mobilidade molecular na estrutura supramolecular das substâncias húmicas e à sua transformação para o estado vítreo (Yuan e Xing 2001). A matéria orgânica do solo pode ser constituída por uma mistura de partículas de matéria orgânica com diferentes estruturas. Além disso, as partículas individuais de matéria orgânica podem conter microdomínios, que variam muito em termos de carácter borrachoso-vidro (Shchegolikhina et al. 2012; Diehl et al. 2014).

O estado borrachoso pode atingir rapidamente o equilíbrio após uma alteração incremental da temperatura ou de outras condições ambientais. Ao contrário, o estado vítreo é um estado metaestável sem equilíbrio, que não pode responder rapidamente a alterações ambientais (Zhang et al. 2009; Shchegolikhina et al. 2012). Num polímero emborrachado, a difusão do sorbato (o composto orgânico) envolve um intercâmbio cooperativo entre o penetrante e a matriz polimérica. A difusão através do estado vítreo é mais complexa e pode ser consideravelmente mais lenta. A sorção de compostos orgânicos nas partes vítreas da matéria orgânica do solo está associada à deformação estrutural da matéria orgânica. Deste modo, o próprio processo de sorção pode alterar a estrutura da matéria orgânica do solo ao longo do tempo de interação solo-xenobiótico (Zhang et al. 2009; Pignatello, 2012; Shchegolikhina et al. 2012).

7.2. Ocorreram efeitos catiónicos na *solução do solo*

Os catiões no solo podem ser divididos em três categorias: fase sólida, iões permutáveis e iões solúveis (Diehl et al, 2014). Os catiões em fase sólida são apresentados pelos minerais primários do solo, que são libertados por meteorização e depois reprecipitados. Os catiões trocáveis podem ser libertados para a solução, mas tendem a associar-se às superfícies da fase sólida do solo. Os catiões solúveis são pobres competidores dos catiões permutáveis pela carga superficial (Shchegolikhina e Marschner 2013). Quando os iões têm a mesma valência, o catião com o menor tamanho hidratado é preferencialmente adsorvido pela matriz organo-mineral do solo. Os catiões polivalentes são fortes agentes complexantes, que podem formar até quatro ligações com grupos funcionais de uma macromolécula e algumas moléculas relativamente pequenas da matéria orgânica do solo (Marschner e Shchegolikhina 2010).

Numerosos estudos sobre matéria orgânica dissolvida e ácidos húmicos em solução aquosa do solo mostraram que a adição de catiões polivalentes à solução aumentou a condensação, a rigidez da matriz, a estabilidade térmica e a estabilidade contra a degradação biológica, bem como a hidrofobicidade e a repelência à água destes componentes da matéria orgânica do solo (Buurman et al. 2002; Lu e Pignatello 2004; Polubesova et al. 2007; Saison et al. 2004; Scheel et al. 2007; Scheel et al. 2008; Marschner e Shchegolikhina 2010).

7.3. Interação iónica básica

O modo mais importante de interação entre o solo e os xenobióticos é a adsorção, que pode variar entre a reversibilidade completa e a irreversibilidade total, e depende das caraterísticas do solo e das propriedades do composto. O fenómeno de adsorção inclui interações físicas e químicas entre o solo e os poluentes. A introdução a algumas forças de ligação possíveis, que regem a sorção e o aprisionamento de xenobióticos na matéria orgânica do solo, é apresentada a seguir.

As ligações iónicas ocorrem entre a matéria orgânica e os xenobióticos, que existem na forma catiónica ou podem atuar como receptores de protões. As ligações iónicas envolvem grupos hidroxilo carboxílicos e fenólicos ionizados, ou facilmente ionizáveis, das substâncias húmicas, pelo que podem depender do pH. A ligação iónica de xenobióticos na estrutura da matéria orgânica é altamente estável (Dec e Bollag, 1997; Marschner e Shchegolikhina 2010).

As ligações covalentes entre os poluentes e os seus metabolitos e a matéria orgânica são forças muito fortes que conduzem à retenção estável e irreversível dos xenobióticos na matriz das substâncias húmicas. Os processos de ligação covalente dos xenobióticos à matéria orgânica são frequentemente mediados por catalisadores químicos, fotoquímicos ou enzimáticos e podem ocorrer no solo devido ao mecanismo de acoplamento oxidativo. Os poluentes ligados covalentemente tornam-se componentes integrais da matéria orgânica e não podem ser extraídos sem alterar as suas propriedades (Dec e Bollag 1997; Shchegolikhina et al. 2012).

Sugere-se que as *ligações de hidrogénio* desempenham um papel importante na adsorção de pesticidas polares não iónicos em substâncias húmicas. As ligações de hidrogénio podem formar-se entre grupos funcionais de substâncias húmicas que contêm oxigénio e hidroxilo. As moléculas xenobióticas competem com ligandos já existentes, por exemplo, moléculas de água, por estes locais de ligação (Dec e Bollag 1997; Shchegolikhina e Marschner 2013).

As forças de Van der Waals são forças intermoleculares de curto alcance relativamente fracas, que têm diferentes origens. Frequentemente, na química das substâncias húmicas, o termo "forças de van der Waals" é sinónimo de forças dipolo-dipolo, que ocorrem entre xenobióticos não iónicos ou não polares e a matéria orgânica do solo (Shchegolikhina e Marschner 2013).

A troca de ligandos é um processo que ocorre nos complexos de matéria orgânica do solo com iões metálicos polivalentes, que geralmente também estão associados a moléculas de água. Estes ligandos relativamente fracos podem ser substituídos por grupos funcionais adequados de poluentes orgânicos (Shchegolikhina e Marschner 2013).

Os complexos de transferência de carga podem ser formados através de mecanismos de dador-aceitador de electrões, quando moléculas com uma elevada densidade de electrões reagem com moléculas com deficiência de electrões. A quantidade de complexos formados na estrutura da matéria orgânica é determinada, por exemplo, pela estrutura aromática do xenobiótico e pelas estruturas de quinona das substâncias húmicas (Shchegolikhina et al. 2012).

A sequestração é um processo físico-químico de integração e difusão lentas de xenobióticos não-polares e hidrofóbicos na estrutura da matéria orgânica do solo. A sequestração está intimamente relacionada com fenómenos de sorção, que são geralmente atribuídos a mecanismos de ligação, que ocorrem entre xenobióticos e superfícies de matéria orgânica instantaneamente após o primeiro contacto (Dec e Bollag 1997; Shchegolikhina et al. 2012).

As fracções xenobióticas no solo podem ser avaliadas utilizando um grande número de métodos biológicos e químicos. Vários métodos permitem distinguir as formas lábeis, sequestradas e ligadas dos contaminantes orgânicos no solo (Northcott e Jones 2000; Shchegolikhina et al. 2012).

8. MECANISMO DE FITORREMEDIAÇÃO DE SOLOS CONTAMINADOS SOLOS

A fitorremediação inclui tecnologias que utilizam plantas superiores para limpar e revegetar sítios contaminados (Robinson et al. 2003; Bolan et al. 2011). Muitas técnicas e aplicações estão incluídas no termo fitorremediação. Elas diferem no processo pelo qual as plantas podem remover, imobilizar ou degradar contaminantes. Por exemplo, o processo em que as plantas são usadas para remover contaminantes orgânicos ou inorgânicos do solo e da água e armazená-los em tecido colhível é chamado de fitoextracção, rizoextracção ou fitofiltração. Da mesma forma, a técnica em que as plantas são usadas para remover contaminantes através da volatilização é chamada de fitovolatilização (Bolan et al. 2011). Na fitoestabilização, os contaminantes no solo são imobilizados, minimizando assim o seu transporte na água ou na poeira. Esta tecnologia pode potenciar a degradação de contaminantes orgânicos, como pesticidas e hidrocarbonetos, através da atividade microbiana associada às raízes das plantas que acelera a transformação destes contaminantes em formas não tóxicas (Bolan et al. 2011; Tang et al. 2015). Estes mecanismos estão inter-relacionados e dependem de processos fisiológicos das plantas impulsionados pela energia solar, processos rizosféricos e outros precursores disponíveis. Por conseguinte, na aplicação da bioremediação, estão envolvidos múltiplos mecanismos, dependendo da aplicação projectada.

8.1. Fitosequestração

Os fitoquímicos podem ser exsudados para a rizosfera, levando à precipitação ou imobilização de contaminantes alvo na zona radicular. Este mecanismo de fito-sequestro pode reduzir a fração do contaminante que está biodisponível.

- Inibição da proteína de transporte na membrana da raiz: As proteínas de transporte associadas à membrana exterior da raiz podem ligar-se irreversivelmente e estabilizar os contaminantes nas superfícies da raiz, impedindo que os contaminantes entrem na planta.
- Armazenamento vacuolar nas células da raiz: Também estão presentes proteínas de transporte que facilitam a transferência de contaminantes entre as células. No entanto, as células vegetais contêm um compartimento (o vacúolo) que actua, em parte, como um recetáculo de armazenamento e de resíduos para a planta. Os contaminantes podem ser sequestrados nos vacúolos das células da raiz, impedindo a sua translocação para o xilema.

8.2. Fitodegradação

Especificamente, a fitodegradação, também chamada *fitotransformação*, refere-se à absorção de contaminantes com a subsequente decomposição, mineralização ou metabolização pela própria planta através de várias reacções enzimáticas internas e processos metabólicos. Dependendo de factores como a concentração e a composição, as espécies vegetais e as condições do solo, os contaminantes podem ser capazes de passar através da rizosfera apenas parcialmente ou de forma negligenciável impedidos pela fitosequestração e/ou rizodegradação. Neste caso, o contaminante pode então ser sujeito a processos biológicos que ocorrem dentro da própria planta, assumindo que está dissolvido no fluxo de transpiração e pode ser fitoextraído. As plantas catalisam várias reacções internas através da produção de enzimas com várias actividades e funções. Especificamente, foram identificadas oxigenases nas plantas que são capazes de tratar hidrocarbonetos como compostos alifáticos e aromáticos (Nam et al. 2001).

8.3. Fitovolatilização

A fitovolatilização é a volatilização de contaminantes da planta a partir dos estomas das folhas ou dos caules das plantas. Nalguns casos, um produto de degradação derivado da rizodegradação e/ou fitodegradação do contaminante original ao longo da via de transpiração pode ser o constituinte fitovolatilizado. Este efeito foi estudado para a absorção e fitovolatilização de tricloroeteno ou dos seus produtos de degradação em choupos. Do mesmo modo, certos constituintes inorgânicos, como o mercúrio, também podem ser volatilizados. Especificamente, as plantas de tabaco foram modificadas para poderem absorver o metil-mercúrio altamente tóxico, alterar a especiação química e fitovolatilizar níveis relativamente seguros do mercúrio elementar menos tóxico para a atmosfera. Uma vez volatilizadas, muitas substâncias químicas que são recalcitrantes no ambiente subterrâneo reagem rapidamente na atmosfera com radicais hidroxilo, um oxidante formado durante o ciclo fotoquímico. A fitovolatilização ocorre quando as árvores e outras plantas em crescimento absorvem a água e os contaminantes. Alguns destes contaminantes podem passar através das plantas para as folhas e volatilizar-se para a atmosfera em concentrações comparativamente baixas.

8.4. Fitoestabilização

A fitoestabilização refere-se à fixação de solos contaminados pela vegetação e à imobilização de contaminantes tóxicos nos solos. O estabelecimento de vegetação enraizada evita a poeira soprada pelo vento, uma importante via de exposição humana em sítios de resíduos perigosos. O controlo hidráulico é possível, em alguns casos, devido ao grande volume de água que é transpirado através das plantas, o que impede a migração de lixiviados para as águas subterrâneas ou para as águas receptoras. Certas espécies vegetais imobilizam os contaminantes no solo através da absorção e adsorção nas raízes ou da precipitação na zona radicular - rizosfera (Sinha et al. 2009). As plantas capazes de tolerar um nível elevado de contaminantes e com uma taxa de crescimento eficiente com sistemas radiculares e copas densas são preferidas. As árvores que transpiram grandes quantidades de água para controlo hidráulico e as gramíneas com raízes fibrosas para ligar e fixar o solo são as mais adequadas para a fitoestabilização. Em geral, as plantas adequadas para a *conservação do solo* são úteis na fitoestabilização de contaminantes do solo. A fitoestabilização reduz a mobilidade e, portanto, o risco de contaminantes inorgânicos sem necessariamente removê-los do local. Esta tecnologia não gera resíduos secundários contaminados que necessitem de tratamento posterior. Também melhora a fertilidade do solo, conseguindo assim a recuperação do ecossistema. No entanto, uma vez que os contaminantes são deixados no local, o sítio requer uma monitorização regular para garantir que as condições óptimas de estabilização são mantidas. Se forem utilizados corretivos do solo para melhorar a imobilização, estes podem ter de ser reaplicados periodicamente para manter a sua eficácia (Keller et al. 2005; Bolan et al. 2011). A fitoestabilização é particularmente adequada para estabilizar locais contaminados com radionuclídeos, onde uma das melhores alternativas é manter os contaminantes no local para evitar a "contaminação secundária" e a exposição de seres humanos e animais. As raízes das plantas também ajudam a minimizar a percolação da água através do solo, reduzindo assim significativamente a lixiviação de xenobióticos (Keller et al. 2005).

8.4.1 Estabilização do solo

O solo pode mobilizar-se (vertical e lateralmente) quando exposto a fluxos de água não controlados. O solo também se pode mobilizar através do vento. Estes dois modos de migração do solo são conhecidos como *erosão* ou *lixiviação*. Se o solo for afetado, a migração dos contaminantes através destes modos é geralmente considerada poluição de fonte não pontual. As coberturas de fitoestabilização proporcionam uma barreira natural e uma resistência à erosão e à lixiviação e podem ser utilizadas para minimizar a poluição de origem não pontual se o solo ou os sedimentos forem afectados. O principal mecanismo que contribui para estabilizar a erosão é a infusão de raízes de plantas no solo. Normalmente, são utilizadas plantas com sistemas radiculares fibrosos, como muitas gramíneas, espécies herbáceas e espécies de zonas húmidas.

As coberturas de fitoestabilização são simplesmente solos plantados com vegetação selecionada especificamente para controlar a migração do solo em massa e/ou evitar a migração de contaminantes através da fito-sequestração. Para além da fito-sequestração de contaminantes na rizosfera, outras plantas, como as halófitas e as hiperacumuladoras, podem ser selecionadas com base na sua capacidade de fito-extração e acumulação de contaminantes nos tecidos acima do solo. Obviamente, estão envolvidos riscos adicionais com a transferência de contaminantes para a planta; no entanto, este aspeto de uma aplicação de cobertura de fitoestabilização para o solo pode ainda ser aceitável, dependendo da saúde humana global e dos riscos ecológicos associados ao local. Este é um fator de decisão a considerar ao selecionar esta aplicação de fitotecnologia como solução para o local. Se for implementado um plano de colheita e remoção da aplicação para mitigar os riscos adicionais, então a aplicação é classificada como uma cobertura vegetal de fitoremediação.

8.4.2 Controlo da infiltração

Outro método para estabilizar os contaminantes na subsuperfície consiste em evitar que a água interaja com os resíduos, levando possivelmente à sua migração. Esta é uma abordagem comum para coberturas de aterros sanitários, mas também pode ser aplicada para minimizar a recarga de águas superficiais de plumas de águas subterrâneas. As coberturas de fitoestabilização para controlo da infiltração, também conhecidas como coberturas de evapotranspiração, de balanço hídrico ou vegetativas, utilizam a capacidade das plantas para intercetar a chuva e evitar a infiltração e absorver e remover volumes significativos de água depois de esta ter entrado na subsuperfície para minimizar a percolação nos resíduos contidos. O principal mecanismo fitotécnico para estas aplicações é a fito-hidráulica. As coberturas de fitoestabilização para controlo da infiltração são compostas por solo e plantas que maximizam a evaporação do solo e os processos de evapotranspiração das plantas do sistema. Para permitir que estes processos dependentes do tempo (e do clima) ocorram e removam com sucesso a água do sistema, a componente do solo da cobertura é especificamente concebida e instalada de forma a maximizar a capacidade de armazenamento de água disponível no solo. O componente de vegetação do coberto geralmente implica misturas de sementes especialmente formuladas ou comunidades mistas de plantas/árvores que podem aceder à água armazenada, bem como criar a cobertura de interceção. Além disso, toda a cobertura é frequentemente contornada para promover o escoamento como outro mecanismo de perda significativo para o balanço hídrico global.

Ao minimizar a infiltração, um dos resultados potenciais é a criação de uma zona anaeróbica por baixo da cobertura de fitoestabilização. Em alguns casos, as condições de subsuperfície serão levadas a condições metanogénicas (produtoras de metano). Estas coberturas podem não ser apropriadas para locais que podem levar à produção de quantidades crónicas, grandes ou descontroladas deste gás terrestre. Embora o metano em si possa ou não ser tóxico para as plantas, a presença do gás na zona vadosa pode restringir o transporte de oxigénio necessário para a respiração celular no sistema radicular. Além disso, estas coberturas não demonstraram ser capazes de impedir a difusão de gases de aterro para a superfície. Por conseguinte, estes gases devem ser sistema radicular adventício associado a micróbios de crescimento de plantas estão implicados neste processo.

8.4.3 Casos de sucesso

Singleton et al. (2003) estudaram a flora bacteriana associada ao intestino e às vermicasts das minhocas e encontraram espécies como *Pseudomonas, Paenibacillus, Azoarcus, Burkholderia, Spiroplasm, Acaligenes* e *Acidobacterium.* Algumas delas, como *Pseudomonas, Acaligenes* e *Acidobacterium*, são conhecidas por degradar hidrocarbonetos.

Os Rhodococcus podem utilizar o antraceno, o fenantreno, o pireno e o fluoranteno como única fonte de carbono e energia. Alguns fungos, como *Pencillium, Mucor* e *Aspergillus*, também foram encontrados no intestino das minhocas e degradam os HAP. A biodegradação dos HAP ocorre quando os microrganismos quebram os anéis aromáticos do benzeno e produzem compostos alifáticos que entram facilmente no ciclo do ácido tricarboxílico (atividade metabólica) que funciona nas células vivas. Foi registado que *Cunniughamela elegans* e *Candida tropicalis* degradam os HAP (Kanaly & Harayama, 2000). Os produtos de degradação dos HAP não são, no entanto, necessariamente menos tóxicos do que os compostos de origem. *Acaligenes* pode mesmo degradar PCBs e dieldrina *de Mucor* (Johnsen et al., 2005; Contreas - Ramos *et. al.,* 2006).

Grandes áreas de solos agrícolas em todo o mundo, mas especialmente nas zonas de elevada utilização de agroquímicos na sequência da "revolução verde", foram gravemente contaminadas. Atualmente, são conhecidas mais de 130 formulações de diferentes pesticidas, fungicidas e herbicidas. A aldrina, a dieldrina, o DDT, o clordano, a endrina, o heptacloro, o mirex e o toxafeno são poluentes orgânicos persistentes (POP) que podem permanecer no solo até 20 anos. Ramtek e Hans (1992) isolaram micróbios do intestino da minhoca *Pheretima posthuma* tratada com hexaclorociclohexano (HCH) e registaram uma degradação subsequente significativa do HCH. Bolan & Baskaran (1996) estudaram o efeito das espécies de minhocas *Lumbricus rubellus & Allobophora callignosa* vermicast na sorção e movimento dos herbicidas C14 -metsulforon metilo, C14 - atrazina, C14 -2,4 ácido diclorofenoxiacético (2,4 - D) no solo. Gevao et, al., (2001) verificaram que, devido às actividades físicas das minhocas (acções de escavação), foi libertado um maior grau de resíduos de pesticidas previamente ligados ao solo, em comparação com os solos sem minhocas.

Os PCB são um grupo de fluidos orgânicos oleosos, incolores, pertencentes à mesma família química do pesticida DDT. Constituem uma família de produtos químicos com mais de 200 tipos e são utilizados em transformadores e condensadores de potência, isoladores eléctricos, como fluidos hidráulicos e óleo de bombas de difusão, em aplicações de transferência de calor e como plastificantes para muitos produtos. Singer et al. (2001) descobriram que as perdas de PCB de solos contaminados se deviam em parte às actividades de escavação das minhocas, permitindo assim uma maior infiltração de microrganismos e uma troca e difusão de gases cerca de 10 vezes superior. Além disso, a deposição de vermicast "rico em nutrientes" nas tocas manteve uma comunidade microbiana degradadora metabolicamente mais ativa.

Robinson et al. (2007) descreve a fitoestabilização desta pilha utilizando choupos. Foram selecionados clones de choupo que toleram concentrações elevadas de boro. A pilha foi fortemente fertilizada com azoto e foi instalado um tanque de recolha para armazenar qualquer lixiviado no pé da pilha. Após 3 anos de crescimento, as árvores reduziram os eventos de lixiviação da pilha durante o inverno do hemisfério sul. Os choupos acumularam concentrações elevadas (>1000 mg/kg) de boro nas folhas. Os principais objectivos para uma fitoestabilização bem sucedida são: (1) alterar a especiação dos contaminantes no solo com o objetivo de reduzir a fração facilmente solúvel e permutável destes componentes; (2) estabilizar a cobertura vegetal e limitar a absorção de xenobióticos pelas culturas; (c) reduzir a exposição direta dos organismos vivos heterotróficos do solo e (d) aumentar a biodiversidade. Para realizar esta remediação in situ, são utilizados aditivos imobilizadores de contaminantes no solo que melhoram processos como a precipitação, a sorção, a troca iónica e a reação redox. A formação de espécies contaminantes insolúveis resulta numa mobilidade xenobiótica reduzida e a biodisponibilidade reduz a lixiviação através do perfil do solo e as interações biológicas com organismos vivos. As alterações do solo também podem restabelecer as condições adequadas para o crescimento das plantas, equilibrando o pH, acrescentando matéria orgânica, restaurando a atividade microbiana do solo, aumentando a retenção de humidade e reduzindo a compactação.

Tabela 1. Análise SWOT dos factores positivos/negativos e internos/externos que caracterizam a fitoestabilização

Pontos fortes S	**W-Fraquezas**
• Remoção de contaminantes através da absorção e volatilização pelas plantas e esta tecnologia pode ser melhorada através da utilização de corretivos do solo que sejam eficazes na imobilização. • Contenção da mobilidade dos contaminantes através da sua imobilização na zona radicular das plantas. • Prevenir a contaminação fora do local através da migração de contaminantes através da erosão e lixiviação do vento e da água e da dispersão do solo	• O estabelecimento da vegetação é fundamental • As propriedades físicas, químicas e biológicas dos solos - determinam o crescimento das plantas. • Os locais contaminados não são propícios ao crescimento das plantas. • Os factores do solo que influenciam a imobilização e a biodisponibilidade dos contaminantes incluem o pH do solo, a matéria orgânica do solo, as capacidades de troca catiónica e aniónica, a textura (teor de argila) e o tipo de solo.
O-Oportunidades	**Ameaças T**
• A fitoestabilização pode ser melhorada através do aumento do crescimento das plantas e da alteração da biodisponibilidade. • Monitorizar a atenuação natural dos sítios contaminados que é utilizada no contexto de uma estratégia de limpeza específica do sítio cuidadosamente controlada • Reduz a mobilidade e, por conseguinte, o risco dos contaminantes sem os remover necessariamente do seu local de origem. • A fitoestabilização não gera resíduos secundários contaminados que necessitem. • A fitoestabilização permite o desenvolvimento de ecossistemas para a criação de corredores de biodiversidade.	• Os contaminantes orgânicos ligam-se fortemente à matéria orgânica dos solos, reduzindo assim a sua biodisponibilidade. • Os gestores ambientais utilizam frequentemente alterações nas propriedades químicas da superfície dos solos, influenciadas pelo pH e pelos iões ligantes, para reduzir a biodisponibilidade dos metais nos solos. • A precipitação e a temperatura afectam a fitoestabilização através dos seus efeitos no crescimento das plantas, nas reacções dos contaminantes e na erosão do solo. • A aplicação de fertilizantes pode levar à degradação do ambiente.

9. CONCLUSÕES E PERSPECTIVAS

A elevada utilização de recursos para alimentar o crescimento económico agrava os problemas de garantia do abastecimento e de rendimentos sustentáveis e de gestão dos impactos ambientais em termos de capacidade de absorção dos ecossistemas. Um desafio para a política, bem como para a ciência, é a melhor forma de medir os impactos ambientais que resultam da utilização dos recursos; várias iniciativas em curso visam quantificar melhor os impactos ambientais da utilização dos recursos. A degradação do ambiente através da poluição atmosférica, do ruído, dos produtos químicos, da água de má qualidade e da perda de habitat natural, combinada com as alterações do estilo de vida, é suscetível de contribuir para um aumento significativo da obesidade, da diabetes, das doenças cardiovasculares e neurológicas e do cancro - todos eles problemas de saúde importantes para a população. Os problemas de saúde reprodutiva e mental também estão a aumentar. A asma, as alergias e alguns cancros associados ao stress ambiental são particularmente preocupantes para as crianças. Tudo isto indica a grande necessidade de uma avaliação qualitativa e quantitativa contínua do estado do ambiente. As análises e metodologias quantitativas são modelos quimiométricos multidisciplinares que são aplicáveis em quase todas as áreas e melhorias da investigação ambiental. Nas últimas décadas assistiu-se a um intenso desenvolvimento tecnológico, que permitiu o lançamento de instrumentos analíticos muito sensíveis, rápidos, precisos e eficazes. Este desenvolvimento de modelos analíticos instrumentais permitiu a caraterização química de um grande número de poluentes e toxinas, que degradam o ambiente mesmo em concentrações muito baixas.

10. REFERÊNCIAS

Alexander, M. 1999. *Biodegradação e Biorremediação*. 2.ª ed. Academic Press, Nova Iorque, NY.

Alexander, M. 2000. Aging, Bioavailability, and Overestimation of Risk from Environmental Pollutants. Critical Review. Environmental Science & Technology 34(20), 4259 - 4265.

Altenburger R, Backhaus T, Boedeker W, Faust M, Scholze M (2013) Simplificar a complexidade: avaliação da toxicidade das misturas nos últimos 20 anos. Environ Toxicol Chem 32(8):1685-1687

Andreae M, Merlet P (2001) Emission of trace gases and aerosols from biomass burning. Global Biogeochem Cycles 15(4):955-966

Barcelo D (2007) Monitorização dos poluentes das águas de superfície. Anal Bioanal Chem 387:1423

Beliaeff B, Burgeot T (2002) Integrated biomarker response: a useful tool for ecological risk assessment. Environ Toxicol Chem 21:1316-1322

Bhadra, R., R. J. Spanggord, D. G. Wayment, J. B. Hughes e J. V. Shanks. 1999. Caracterização dos produtos de oxidação do metabolismo do TNT em sistemas de fitorremediação aquática de *Myriophyllum aquaticum*. *Environ. Sci. Technol.* 33:3354-3361.

Binetti R, Costamagna FM, Marcello I (2008) Crescimento exponencial de novos produtos químicos e evolução da informação relevante para o controlo dos riscos. Ann 1st Super Sanita 44:13-15

Blais J, Rosen M, Smol J (2015) Using natural archives to track sources and longterm trends of pollution: Uma introdução. In: Blais J., Rosen M., Smol J. (eds) Environmental Contaminants. Desenvolvimentos na investigação paleoambiental, vol 18, Springer, Dordrecht

Bohn, H.L., McNeal, B.L., O'Connor, G.A., 2001. Química do solo. Terceira edição. John Wiley and Sons, Nova Iorque, 320 pp.

Bolan, N. S., Park, J. H., Robinson, B., Naidu, R., & Huh, K. Y. (2011). 4 Fitoestabilização: Uma abordagem verde para a contenção de contaminantes. *Avanços em Agronomia*, *112*, 145.

Bollag, J.M., Myers, C.J., Minard, R.D., 1992. Interações biológicas e químicas dos pesticidas com a matéria orgânica do solo. Science of the Total Environment 123, 205-217.

Box GEP, Cox DR, 1964. Uma análise das transformações. J Royal Soc 26(2):211-252

Brack K, Stevens RL (2001) Historical pollution trends in a disturbed, estuarine sedimentary environment, SW Sweden. Env Geol 40:1017-1029.

Brack W, Ait-Aissa S, Burgess RM, Busch W, Creusot N, Di Paolo C, Escher BI, Mark Hewitt L, Hilscherova K, Hollender J, Hollert H, Jonker W, Kool J, Lamoree M, Muschket M, Neumann S, Rostkowski P, Ruttkies C, Schollee J, Schymanski EL, Schulze T, Seiler TB, Tindall AJ, De Aragao Umbuzeiro G, Vrana B, Krauss M (2016) Effect-direted analysis supporting monitoring of aquatic environmentsan in-depth overview. Sci Total Environ 544:1073-1118

Brack W, Hollender J, de Alda ML, Muler C, Schulze T, Schymanski E, Krauss M (2019) Espectrometria de massa de alta resolução para complementar a monitorização e rastrear produtos químicos emergentes e tendências de poluição nos recursos hídricos europeus. Environ Sci Eur 31:62.

Buurman, P., van Lagen, B., Piccolo, A., 2002. Aumento da estabilidade contra a oxidação térmica das substâncias húmicas do solo em resultado da auto-associação. Organic Geochemistry 33, 367-381.

Carvalho FP (2017) Pesticidas, ambiente e segurança alimentar. Segurança Alimentar e Energética 6:48-60

Charou E, Vassilas N, Perantonis S, Varoufakis S (2003) Integração de técnicas inteligentes para o tratamento de dados ambientais. In: Harmancioglu N.B., Ozkul S.D., Fistikoglu O., Geerders P. (eds) Integrated Technologies for Environmental Monitoring and Information Production. Nato Science Series (Série: IV: Ciências da Terra e do Ambiente), vol. 23. Springer, Dordrecht

Conway TJ, Tans P, Waterman LS, Thoning KW, Masarie KA, Gammon RH (1988), Atmospheric carbon dioxide measurements in the remote global troposphere, 1981-1984, Tellus 40B:81-115

Daughton CG (2005) "Emerging" chemicals as pollutants in the environment: a 21st century perspective. Renew Resour J 23(4):6-23

Dec J., Bollag, J. M., 1997. Determinação das interações de ligação covalente e não covalente entre produtos químicos xenobióticos e o solo. Ciência do Solo 162, 858874.

Diehl, D., Schneckenburger, T., Kruger, J., Goebel, M. O., Woche, S. K., Schwarz, J., et al. (2014). Efeito de cátions multivalentes, temperatura e envelhecimento nas propriedades interfaciais da matéria orgânica do solo. *Química Ambiental, 11* (6), 709718.

Dudoit S, Shaffer JP, Boldrick JC (2003) Multiple hypothesis testing in microarray experiments. Stat Sci 18(1):71-103.

Dukes, JS, Mooney HA (1999) Does global change increase the success of biological invaders? Trends Ecol Evol 14:135-139

Dvorscak M, Fingler S, Mendas G, Stipicevic S, Zelimira Vasilic Z, Drvenkar V (2019) Distribuição de resíduos de pesticidas organoclorados e bifenilos policlorados em núcleos de sedimentos lacustres do Parque Nacional dos Lagos Plitvice (Croácia). Arch Environ Contam Toxicol 77:537-548

Ellis CJ (2011) Predicting the biodiversity response to climate change: challenges and advances [Prever a resposta da biodiversidade às alterações climáticas: desafios e avanços]. Sys Biodivers 9(4):307-317

Fitzpatrick M, Long D, Pijanowski B (2007) Exploring the effects of urban and agricultural land use on surface water chemistry, across a regional watershed, using multivariate statistics. Appl Geochem 22:1825-1840

Forman RTT, Alexander LE (1998) Roads and their major ecological effects. Annu Rev Ecol Syst 29:207-231

Gariazzo C, Pelliccioni A, Filippo PD, Sallusti PD, Cecinato A (2005) Monitorização e análise de compostos orgânicos voláteis em redor de uma refinaria de petróleo. Water Air Soil Pollut 167(1-4):17-38

Gilbert RO (1987) Statistical Methods for Environmental Pollution Monitoring, John Wiley & Sons, pp. 336

Gomes AR, Justino C, Rocha-Santos T, Freitas AC, Duarte AC, Pereira R (2017) Revisão dos efeitos ecotoxicológicos de contaminantes emergentes no biota do solo. J Environ Sci Health A 52(10):992-1007

Grasimov GY (2004) Radiation-chemical formation of ozone in an oxygen-containing gas atmosphere. High Energ Chem 38:75-80

Hou Y, Zhang TZ, (2009) Avaliação dos principais acidentes poluentes na China - resultados e perspectivas. J Hazar Mater 168(2-3): 670-673

Jarup L (2003) Hazards of heavy metal contamination, Br Med Bul 68:167-182

Kabata-Pendias A, Mukherjee AB (2007) *Trace Elements from Soil to Human.* Springer, Heidelberg.

Kaur, P., & Parihar, L. (2014). Bioremediação: Step towards Improving Human Welfare. *Investigação Anual e Revisão em Biologia*, *4*(20), 3150.

Keller, C., Marchetti, M., Rossi, L., e Lugon-Moulin, N. (2005). Redução da disponibilidade de cádmio para as plantas de tabaco (Nicotiana tabacum) utilizando correcções do solo em solos agrícolas pouco contaminados com cádmio: Uma experiência em vaso. Plant Soil 276, 69-84.

Klaassen, C.D. Capítulo 3. Em Casarett and Doull's Toxicology, 3ª Edição. Klaassen, C. D., Amdur, M. O., Doull, J., Eds.; Macmillian Publishing Co., Nova Iorque, 1986; pp 33-63.

Krauss M, Singer H, Hollender J (2010) LC-high resolution MS in environmental analysis: from target screening to the identification of unknowns. Anal Bioanal Chem 397(3):943-951

Laden-Berger A (2012) O conceito de análise de dados composicionais na prática - Concentrações totais de elementos principais em solos agrícolas e de pastagens da Europa. Sci Total Environ 426:196-210

Lodeiro C, Capelo JL, Oliveira E, Nunez C (2016) Iões e moléculas tóxicas poluentes. Um problema de poluição global: tendências na deteção e proteção. Environ Sci Pollut Res 23:24419-24421

Longhetto A, Ferrarese S, Cassardo C, Giraud C, Apadula F, Bacci P, Bonelli P, Marzorati A (1997) Relationships between atmospheric circulation patterns and co_2 greenhouse-gas concentration levels in the alpine troposphere. Adv Atmos Sci 14:309-322

Longoria-Rodriguez, F.E., Gonzalez, L.T., Mendoza, A, Leyva-Porras C, Arizpe-Alcalá M, Acuna-Askar K, Gaspar-Ramirez O, Lopez-Ayala O, Alfaro-Barbosa JM, Kharissova OV (2020) Environmental levels, sources, and cancer risk assessment of PAHs associated with PM $_{.25}$ and TSP in Monterrey metropolitan area. Arch Environ Contam Toxicol 78:377-391

Lu, Y.F., Pignatello, J.J., 2004. Sorção de compostos aromáticos apolares em partículas de ácido húmico do solo afectadas pela reticulação de iões de alumínio (III). Jornal de Qualidade Ambiental 33, 1314-1321.

Madsen, E. L. 1991. Determinação da biodegradação *in situ*: factos e desafios. *Environ. Sci. Technol.* 25:1662-1673.

Madsen, E. L. 1998a. Epistemologia da microbiologia ambiental. *Environ. Sci. Technol.* 32:429-539.

Marschner, B., & Shchegolikhina, A. (2010). Efeito de diferentes saturações catiónicas na sorção e mineralização dos compostos orgânicos hidrofóbicos nonilfenol e fenantreno nos solos. In *Actas do 19º Congresso Mundial de Ciência do Solo: Soil solutions for a changing world, Brisbane, Austrália, 1-6 de agosto de 2010. Simpósio 2.2. 1 Interfaces biogeoquímicas nos solos* (pp. 54-57). União Internacional das Ciências do Solo (IUSS), c/o Institut fur Bodenforschung, Universitat fur Bodenkultur.

McCarty JP (2001) Ecological consequences of recent climate change. Conserv Biol 15:320-331

McKinney ML (2002) Urbanisation, biodiversity and conservation (Urbanização, biodiversidade e conservação). BioScience 52:883-890

Mishra U, Dhar DW (2004) Biodiversidade e degradação biológica do solo. *Reson* 9:26-33

Misra V, Jaffery FN, Viswanathan PN (1994) Risk assessment of water pollutants. Environ Monit Assess 29:29-40

Mocarelli P (1992) Environmental toxicity and health. Fresenius J Anal Chem 343:31 Nam, K., Alexander, M., 2001. Relação entre a taxa de biodegradação e a percentagem de um composto que fica sequestrado no solo. Soil Biology & Biochemistry 33, 787-792.

Northcott, G.L., Jones, K.C., 2000. Abordagens experimentais e técnicas analíticas para a determinação de resíduos ligados a compostos orgânicos no solo e nos sedimentos. Environmental Pollution 108, 19-43.

Petrie B, Barden R, Barden R, Kasprzyk-Hordern B (2015) A review on emerging contaminants in wastewaters and the environment: current knowledge, under studied areas and recommendations for future monitoring. 72 (1):3-27

Piccolo, A., 2001. A estrutura supramolecular das substâncias húmicas. Soil Science 166, 810-832.

Pignatello, J., 2012. Interações dinâmicas de matéria orgânica natural e compostos orgânicos. Revista de Solos e Sedimentos 12, 1241-1256.

Polubesova, T., Sherman-Nakache, M., Chefetz, B., 2007. Ligação do pireno a fracções hidrofóbicas de matéria orgânica dissolvida: Efeito da complexação de metais polivalentes. Environmental Science & Technology 41, 5389-5394.

Richardson SD, Kimura SY (2016) Water analysis: emerging contaminants and current issues (Análise da água: contaminantes emergentes e questões actuais). Anal Chem 88(1):546-582.

Robinson, B. H., Green, S. R., Chancerel, B., Mills, T. M. e Clothier, B. E. (2007). Choupo para a fitogestão de sítios contaminados com boro. Environ. Pollut. 150, 225-233.

Robinson, B. H., Green, S. R., Mills, T. M., Clothier, B. E., van der Velde, M., Laplane, R., Fung, L., Deurer, M., Hurst, S., Thayalakumaran, T., e van den Dijssel, C. (2003). Phytoremediation: Utilização de plantas como biobombas para melhorar ambientes degradados. Aust. J. Soil Res. 41, 599-611.

Rodriguez-Proteau R, Grant RL (2005) Toxicity Evaluation and Human Health Risk Assessment of Surface and Ground Water Contaminated by Recycled Hazardous Waste Materials. In: Kassim T.A. (eds) Water Pollution. The Handbook of Environmental Chemistry, vol. 2. Springer, Berlim, Heidelberg

Saison, C., Perrin-Ganier, C., Amellal, S., Morel, J.-L., Schiavon, M., 2004. Effect of metals on the adsorption and extractability of 14C-phenanthrene in soils. Chemosphere 55, 477-485.

Sajn R (2006) Análise fatorial do solo e das poeiras do sótão para separar a influência da mineração e da metalurgia, vale de Meza, Eslovénia. Math Geol 38:735-746

Sarti E, Pasti L, Scaroni I, Casali P, Cavazzini A, Rossi M (2017) Determinação de n-alcanos, PAHs e nitro-PAHs em PM2.5 e PM1 amostrados nas imediações de um incinerador de resíduos urbanos. Atmos Environ 149:12-23

Scheel, T., Dorfler, C., Kalbitz, K., 2007. A precipitação de matéria orgânica dissolvida pelo alumínio estabiliza o carbono em solos florestais ácidos. Soil Science Society of America Journal 71, 64-74.

Scheel, T., Haumaier, L., Ellerbrock, R.H., Ruhlmann, J., Kalbitz, K., 2008. Propriedades da matéria orgânica precipitada a partir de soluções ácidas de solos florestais. Geoquímica Orgânica 39, 1439-1453.

Semple, K.T., Doick, K.J., Jones, K.C., Burauel, P., Craven, A., Harms, H., 2004. Definir a biodisponibilidade e a bioacessibilidade de solos e sedimentos contaminados é complicado. Environmental Science & Technology 38, 228A-231A.

Semple, K.T., Morriss, A.W.J., Paton, G.I., 2003. Biodisponibilidade de contaminantes orgânicos hidrofóbicos nos solos: conceitos fundamentais e técnicas de análise. European Journal of Soil Science 54, 809-818.

Shchegolikhina, A., & Marschner, B. (2013). Efeitos do armazenamento estéril, saturação catiónica e adições de substrato na degradabilidade e extractibilidade de nonilfenol e fenantreno no solo. *Chemosphere*, *93*(9), 2195-2202.

Shchegolikhina, A., Schulz, S., & Marschner, B. (2012). Efeitos de interação da saturação catiónica e da secagem, congelação ou envelhecimento na capacidade de extração de nonilfenol e fenantreno de um solo arenoso. *Journal of Soils and Sediments*, *12*(8), 1280-1291.

Siegel FR (2002) Environmental Geochemistry of potentially Toxic Metals. Springer, Berlim, Heidedelberg.

Sinha, Rajiv K., Sunil Herat e P.K. Tandon (2006). Fitorremediação: Role of Plants in Contaminated Site Management; In S. N. Singh, R. D. Tripathi (ed.) '*Environmental Bioremediation Technologies*'; Springer Publication, NY; 315-330.

Su, X. M., Liu, Y. D., Hashmi, M. Z., Ding, L. X., & Shen, C. F. (2015). Caracterização dependente de cultura e independente de cultura da comunidade bacteriana degradadora de bifenil potencialmente funcional em resposta à matéria orgânica extracelular de Micrococcus luteus. *Biotecnologia microbiana, 8*(3), 569-578.

Tang, X., Hashmi, M. Z., Zeng, B., Yang, J., & Shen, C. (2015). Aplicação da oxidação de persulfato ativado por ferro para a degradação de PCBs no solo. *Jornal de Engenharia Química.*

Thakur I. S., 2008, Xenobiotics: Pollutants and their degradation-methane, benzene, pesticides, bioabsorption of metals, Escola de Ciências Ambientais, Universidade Jawaharal Nehru.

Thakur, I.S. 2006. Biotecnologia ambiental: Conceito básico e aplicações. I.K.International.

Thakur, I.S. 2006. Biotecnologia ambiental: Conceito básico e aplicações. I.K.International.

Uth HJ (1999) Trends in major industrial accidents in Germany. J Loss Prevent Proc Ind 12(1): 69-73

Vallero D (2008) *Fundamentals of air pollution*, 4ª ed., Academic Press Elsevier, Nova Iorque.

Van der Lelie, D., J.-P. Schwitzbuebel, D. J. Glass, J. Vangronsveld, e A. Baker. 2001. Assessing phytoremediation's progress in the United States and Europe (Avaliação do progresso da fitorremediação nos Estados Unidos e na Europa). *Environ. Sci. Technol.* 35:447-452.

Varsha, Y. M., Naga Deepthi, C. H., & Chenna, S. (2011). Uma ênfase na degradação de xenobióticos na limpeza ambiental. *J Bioremed Biodegrad S*, *11*, 1-10.

Wania F, Mackay D (1996) Tracking the distribution of persistent organic pollutants. Environ Sci Technol 30:390A-396A

Xue P, Zeng W (2011) Tendências dos acidentes ambientais e factores de impacto na China. Front Environ Sci Eng China 5:66-276

Yuan, G.S., Xing, B.S., 2001. Efeitos dos catiões metálicos na sorção e dessorção de compostos orgânicos em ácidos húmicos. Ciência do Solo 166, 107-115.

Zhang, J., Li, Z., Ge, G., Sun, W., Liang, Y., Wu, L., 2009. Impactos da matéria orgânica do solo, pH e cobre exógeno no comportamento de sorção da norfloxacina em três solos. Jornal de Ciências Ambientais 21, 632-640.

Zibret G, Sajn R (2010) À procura de associações geoquímicas de elementos: análise de factores e mapas auto-organizados. Math Geosci 42:681-703

Printed by Books on Demand GmbH, Norderstedt / Germany